PROGRAMADO PARA RESISTIR

A Neurociência Explica Por Que as Mudanças Falham e um Novo Modelo para Impulsionar o Sucesso

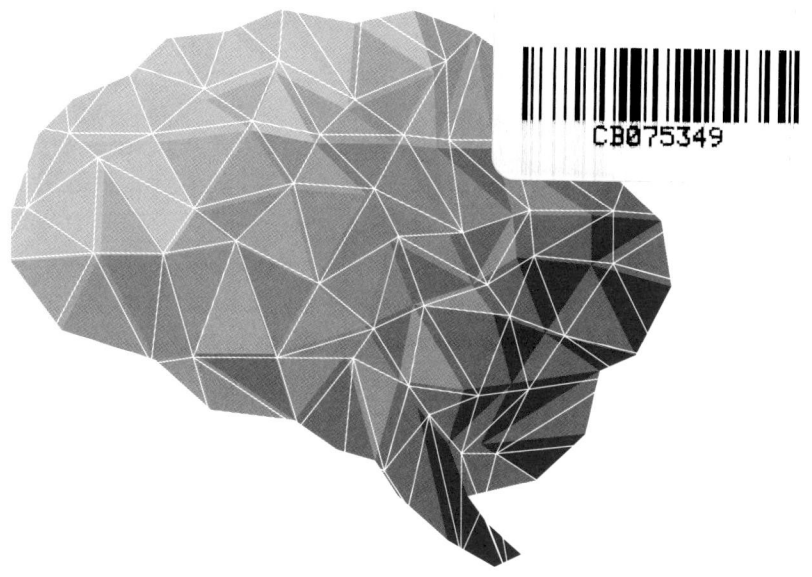

Britt Andreatta, PhD

PROGRAMADO PARA RESISTIR

A Neurociência Explica Por Que as Mudanças Falham e um Novo Modelo para Impulsionar o Sucesso

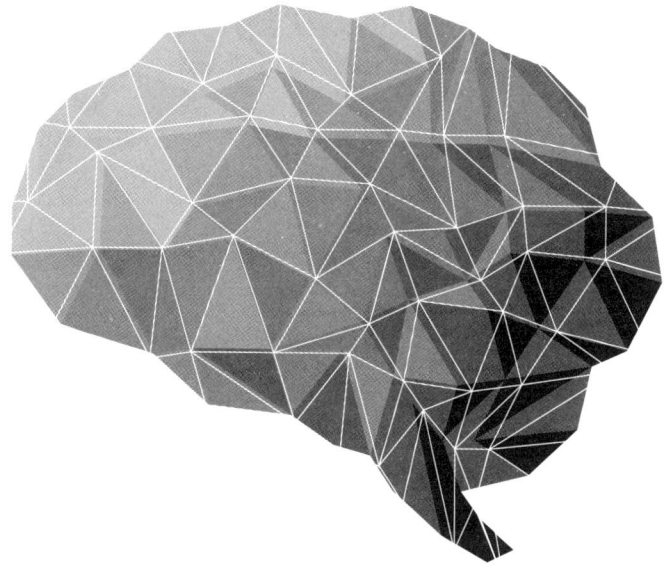

Britt Andreatta, PhD

www.dvseditora.com.br
São Paulo, 2022

PROGRAMADO PARA RESISTIR

DVS Editora Ltda 2022 - Todos os direitos para a língua portuguesa reservados pela Editora. Nenhuma parte deste livro poderá ser reproduzida, armazenada em sistema de recuperação, ou transmitida por qualquer meio, seja na forma eletrônica, mecânica, fotocopiada, gravada ou qualquer outra, sem a autorização por escrito dos autores e da Editora.

"**WIRED TO RESIST** © Britt Andreatta, 2017, first published by 7th Mind Publishing. All rights reserved. No part of this book may be reproduced or transmitted in any form or by any means, electronic or mechanical, including photocopying, recording or by any information storage and retrieval system, without permission in writing from the Publisher."

Tradução: Leonardo Abramowicz
Diagramação: Joyce Matos
Revisão: Thaís Pol

```
Dados Internacionais de Catalogação na Publicação (CIP)
          (Câmara Brasileira do Livro, SP, Brasil)

   Andreatta, Britt
      Programado para resistir : a neurociência explica
   por que as mudanças falham e um novo modelo para
   impulsionar o sucesso / Britt Andreatta. --
   1. ed. -- São Paulo : DVS Editora, 2022.

      Título original: Wired to resist : the brain
   science of why change fails and a new model for
   driving success
      Bibliografia.
      ISBN 978-65-5695-052-5

      1. Liderança 2. Mudança (Psicologia)
   3. Neurociência 4. Sucesso I. Título.

   21-96372                                    CDD-650.1
             Índices para catálogo sistemático:

      1. Mudanças : Sucesso : Administração    650.1
      Cibele Maria Dias - Bibliotecária - CRB-8/9427
```

Nota: Muito cuidado e técnica foram empregados na edição deste livro. No entanto, não estamos livres de pequenos erros de digitação, problemas na impressão ou de uma dúvida conceitual. Para qualquer uma dessas hipóteses solicitamos a comunicação ao nosso serviço de atendimento através do e-mail: atendimento@dvseditora.com.br. Só assim poderemos ajudar a esclarecer suas dúvidas.

Para minha mãe, Georgene Burton (1935–2016).
Sou muito grata por tudo o que você me ensinou.

SUMÁRIO

AGRADECIMENTOS: PRATICANDO A GRATIDÃO.................ix
SOBRE A AUTORA..xi
PREFÁCIO..xiii
PRODUTOS DE TREINAMENTO..............................xvii
Introdução – O dia em que a mudança entrou em minha vida 1

I. ENTENDENDO A MUDANÇA

1. Os Custos de a Mudança Dar Errado 8
2. Mudança no Mundo Moderno 13
3. Mudança vs. Transição 17
4. A Curva de Mudança..23
5. Houston, We Have a Problem................................26
6. O Surgimento da Fadiga de Mudança.....................31

II. MEDO + FRACASSO + FADIGA: A CIÊNCIA CEREBRAL DA MUDANÇA

7. O Cérebro na Mudança...36
8. Amígdala: Nosso Galinho Chicken Little Interior 39
9. Córtex Entorrinal: Nosso GPS Pessoal....................45
10. Gânglios basais: Nossa Fábrica de Hábitos............49
11. Habênula: Nosso Centro de Prevenção de Fracassos ...54
12. O Perigoso Coquetel Biológico 59

III. UM NOVO MODELO PARA MUDANÇA + TRANSIÇÃO

13. O Modelo de Jornada de Mudança:
    Montanhas em Vez de Vales 64
14. Os Participantes da Jornada de Mudança 70
15. Caminhando por Várias Jornadas 77

IV. PROSPERANDO NA MUDANÇA: ESTRATÉGIAS PARA O SUCESSO

16. Dicas para Viajantes 82
17. O Kit de Ferramentas do Líder:
    Navegação, Motivação, Conexão 95
18. O Processo do Guia 113

V. O CAMINHO A FRENTE: CRESCIMENTO ORGANIZACIONAL + CONSCIÊNCIA

19. Crescimento Organizacional: A Curva de Greiner 130
20. Consciência Organizacional: Ficando Verde-Azulado 136
21. Conclusão: Reflexões Finais sobre Mudança 143

REFERÊNCIAS + RECURSOS 145

AGRADECIMENTOS: PRATICANDO A GRATIDÃO

Dedico este livro à minha mãe, que fez sua passagem em 14 de setembro de 2016. Era uma mulher inteligente, forte e resiliente que sobreviveu a muitos desafios difíceis. Ela me ensinou muito sobre o que significa viver, amar e sorrir. Enquanto eu crescia, passamos por muitas mudanças, trocando de casa quase todos os anos. Como ela sempre dizia, "A casa é onde você alimenta o gato". De fato.

Este livro foi feito em conjunto com minha equipe incrível. Uma profunda gratidão vai para Jenefer Angell (PassionfruitProjects.com), editora e amiga, que aprimora minhas ideias de forma consistente, mas mantendo minha voz intacta (ainda eu, mas melhor!). Agradecimentos especiais à maravilhosa Leah Young (Leah-Young.com), que pega meus esboços quase ilegíveis e transforma em belas ilustrações.

Muito obrigada para DVS Editora, Flora Alves, Tatiany Melecchi e Claudia Arnett, que reviram este livro.

Bênçãos para minhas queridas amigas e irmãs de alma, Lisa Slavid e Kelly McGill, pela grande contribuição neste livro e por ajudarem o mundo a se tornar mais verde-azulado.

Sou muito feliz por ter bastante apoio e amor em minha vida. Abraços e beijos para Chris, Kiana, Dana, Pema, Mike, Barbara, Roger, Kendra, Carole, Jan, Cherie, Cody e Ellie. Um cumprimento especial para meu círculo de "mulheres poderosas" - Dawn, Elaine e Lisa –, por estarem sempre presentes e me encorajarem.

Para minha tribo de profissionais de aprendizagem e liderança: nós estamos no negócio de cultivar o potencial de nosso pessoal e tenho a honra de compartilhar esse importante trabalho com vocês.

Que vocês tenham sucesso em todas as suas jornadas de mudança!

SOBRE A AUTORA

A Dra. Britt Andreatta é uma autoridade internacionalmente reconhecida na área, que cria soluções baseadas na ciência do cérebro para os desafios de hoje. Como CEO e presidente da 7th Mind, Inc., Britt Andreatta utiliza sua experiência única em liderança, neurociência, psicologia e aprendizado para revelar o que há de melhor nas pessoas e nas organizações.

Britt publicou vários títulos, incluindo *Wired to connect: the brain science of teams and a new model for creating collaboration and inclusion* (Programado para conectar: a ciência do cérebro de equipes e um novo modelo para gerar colaboração e inclusão), *Programados para crescer 2.0: use o poder da neurociência para aprender e dominar qualquer habilidade* e *Programado para resistir: a neurociência explica por que as mudanças falham e um novo modelo para impulsionar o sucesso*. Os próximos livros tratam da neurociência do propósito e da evolução consciente das organizações.

Ex-diretora de aprendizagem da Lynda.com e Consultora Sênior de Aprendizagem para Liderança Global e Desenvolvimento de Talentos no LinkedIn, Britt é uma profissional experiente com mais de 25 anos de atuação. Presta regularmente consultoria a empresas, universidades e organizações sem fins lucrativos sobre desenvolvimento de liderança e estratégia de aprendizagem. Os clientes corporativos incluem empresas da lista dos 100 mais da revista *Fortune*, como Comcast e Apple; e também Ernst & Young, Microsoft, Domino's, LinkedIn, Franklin Covey, TransUnion, Avvo, Rust-Oleum, Alter Eco Foods e Zillow.

A Dra. Andreatta trabalhou com importantes instituições educacionais, como a Universidade da Califórnia, a Universidade de Dartmouth e a Universidade do Novo México, e organizações sem fins lucrativos como a YMCA e Prison Fellowship's Warden Exchange Program. Atuou como professora e reitora na Universidade da Califórnia, na Antioch University e em várias escolas de pós-graduação.

Recebeu mais de 10 milhões de visualizações em todo o mundo de seus cursos no Lynda.com e LinkedIn Learning. Outros títulos de cursos incluem *Liderando Mudança; A Neurociência da Aprendizagem; Criando uma Cultura de Aprendizagem; Aprendizagem e Desenvolvimento Organizacional; Tendo Conversas Difíceis;* e *Liderando com Inteligência Emocional.*

Palestrante muito procurada e envolvente, Britt fez uma palestra TEDx chamada "How Your Past Hijacks Your Future" ("Como Seu Passado Sequestra Seu Futuro", em tradução livre). Regularmente fala em eventos corporativos e conferências internacionais, recebendo ótimas críticas como "melhor oradora da conferência" e "melhor palestra que já ouvi".

As distinções do setor para Britt incluem vários prêmios de prestígio, como o Prêmio Global de Treinamento e Desenvolvimento de Liderança de 2016 do Congresso Mundial de Treinamento e Desenvolvimento. Ganhou a medalha de ouro do Prêmio de Pioneirismo da revista *Chief Learning Office* e foi também indicada para o Prêmio CLO Strategy por seu trabalho na concepção de um programa de gestão de desempenho com base nos princípios da mentalidade de crescimento. A revista *Talent Development* classificou-a como uma "notável líder de pensamento e pioneira" em sua edição de junho de 2017.

A Dra. Andreatta regularmente presta consultoria a executivos e organizações sobre como maximizar seu pleno potencial. Para saber mais, visite seu site e canais sociais:

Site: www.BrittAndreatta.com
LinkedIn: www.linkedin.com/in/brittandreatta/
Twitter: @BrittAndreatta
Instagram: @BrittAndreatta

PREFÁCIO

"Nada é permanente, salvo a mudança"
Heráclitos

Extraordinariamente rico em significado, este livro é essencial por inúmeras razões. Como profissionais que atuam com desenvolvimento humano e seus desdobramentos no mundo organizacional, escolhemos iniciar destacando o poder da obra em instrumentalizar o leitor com ferramentas que ajudam não só a compreender a neurociência por trás da mudança, mas sobretudo transferir para a prática os conceitos ligados a esta disciplina que cada vez mais chama a atenção dos profissionais dos mais diversos setores.

Foi a busca constante por conteúdos relevantes e sua aplicabilidade que nos levou a conhecer o trabalho de Britt Andreatta que além de ser reconhecida internacionalmente por criar soluções para os desafios atuais baseadas em neurociência possui a característica única de aplicabilidade. Publicado inicialmente nos Estados Unidos em 2017, este livro não poderia ser mais atual em todas as dimensões nas quais estamos inseridos.

Nos últimos anos, vivemos mudanças sem precedentes, causadas pela pandemia do novo Coronavirus, seguida por ondas de aceleração digital. Dados da pesquisa Transformação Digital, da Dell Technologies 2020, mostram que 87,5% das empresas instaladas no Brasil realizaram alguma iniciativa voltada à transformação digital neste período.

Além do volume e da velocidade das mudanças aceleradas pela digitalização, tivemos inúmeros lockdowns, a perda de vidas, empregos, desvalorização da moeda, altas taxas de inflação, disparada dos preços das commodities, sem citar outras mudanças que geraram altos índices de stress, ansiedade, depressão, burnout e queda no engajamento que, no Brasil, já alcança 13% da força de trabalho de acordo com o Gallup em seu relatório State of the American Workplace que analisou os níveis de engajamento globais.

Estamos certas de que você, leitor, assim como nós tem buscado soluções para lidar com mudanças neste cenário complexo que por vezes gera fadiga e queda nos níveis de motivação e energia. Afinal, como dizia o Arnold Bennett, "Qualquer mudança, até mesmo uma mudança para melhor, é sempre acompanhada de inconvenientes e desconfortos." É justamente neste contexto que este livro robusto e ao mesmo tempo leve vai ajudar você.

Somos programados para resistir às mudanças e foi a capacidade de nosso cérebro de produzir tais reações que garantiu a sobrevivência de nossos ancestrais responsáveis por estarmos hoje aqui, discutindo este assunto. Britt leva o leitor a compreender que esta resposta biológica é esperada, previsível e hoje, amplamente mapeada graças ao avanço da neurociência.

Conhecer as estruturas que disparam essas emoções em nosso cérebro e reconhecer que tais reações são biológicas e previsíveis nos ajuda a compreender os mecanismos de interação dos indivíduos frente a mudança. Esta compreensão abre portas para que sejamos capazes de utilizar este conhecimento a nosso favor tornando possível planejar e gerir mudanças que sejam efetivas e saudáveis para os indivíduos e as organizações.

Com uma linguagem simples e ao mesmo tempo profunda, Britt nos engaja na leitura que começa com a história de como ela soube que a empresa na qual trabalhava (Lynda.com) havia sido adquirida pelo LinkedIn. Esta narrativa em primeira pessoa nos ajuda a compreender o turbilhão de emoções que surgem à medida em que os fatos vão se desenrolando.

Processos de fusão, como este relatado pela autora são altamente disruptivos e o tempo de aclimatação tende a ser longo. O método criado por Britt utiliza estes dois fatores para classificar os processos de mudança em 4 tipos que são representados por curvas análogas a uma jornada. Há muita inspiração aqui com o trabalho de Elizabeth Kübler-Ross, exceto pelo fato de Britt ter invertido a curva, o que você vai descobrir, faz todo sentido.

Neste ponto é possível que você esteja pensando em você e em quão flexível consegue ser frente a uma mudança, mas pode ser que nunca tenha conseguido compreender exatamente as razões que o levam a demonstrar tamanha flexibilidade. Pode ser ainda que tenha se mostrado entusiasmado com uma mudança, mas não tenha conseguido compreender a falta de motivação de seus colegas.

Você irá descobrir que o perfil motivacional das pessoas frente a mudanças é consequência direta de dois fatores. São eles: desejar a mudança e escolher a mudança. Este método irá ajudar você a compreender os 4 perfis frente a mudanças e esta identificação será essencial para que um líder elimine os vieses inconscientes do julgamento e aplique ferramentas práticas para engajar o seu time.

O que faz o método de Britt Andreatta tão poderoso a ponto de se tornar essencial é a combinação de ingredientes conceituais e práticos que instrumentalizam o profissional de qualquer área ou nível hierárquico a gerir e implementar mudanças de sucesso.

A amplitude de pessoas e organizações que podem se beneficiar com esta leitura é imensurável. Seja você o CEO de uma empresa ou uma pessoa em busca de uma mudança significativa na própria vida, você encontrará neste livro um método eficaz para alcançar seus objetivos e envolver todos os stakeholders para assegurar o sucesso de uma iniciativa.

Desejamos a você uma ótima leitura, e estamos certas de que continuaremos essa conversa fascinante em várias outras oportunidades em que nossos caminhos se encontrem, tanto pessoalmente como em ambientes virtuais.

Flora Alves & Tatiany Melecchi

PRODUTOS DE TREINAMENTO

O treinamento do Modelo Jornada de Mudança (Change Quest®) ensina habilidades vitais para qualquer pessoa que esteja liderando ou passando por uma mudança. Torne-se um instrutor certificado ou faça um curso individual online para gerentes e funcionários.

O treinamento Four Gates to Peak Team Performance® (Quatro Portais para o Pico de Desempenho de Equipes) trata de como criar equipes de alto desempenho de forma consistente. Descubra os segredos da colaboração e por que a inclusão é vital. Torne-se um instrutor certificado.

Os materiais incluem atividades práticas que geram mudanças reais de comportamento, vídeos de Britt ensinando o conteúdo, conteúdos para vários públicos e um exemplar do livro em questão (*Programado para resistir* ou *Programado para conectar*). Online e individualizado. Mais tópicos em breve. Saiba mais em:

BrittAndreatta.com/training

"A mudança é uma das mais poderosas ferramentas de desenvolvimento profissional disponíveis."

Glenn Llopis,
The innovation mentality
(A Mentalidade da Inovação)

Introdução
– O dia em que a mudança entrou em minha vida

Acordei com uma mensagem do meu chefe: "Não vá para Los Angeles. Cancele o treinamento. Venha para a sede o mais rápido possível". Não havia explicação, nem detalhes. Meu corpo teve uma reação imediata. O que tinha acontecido? Algo deu errado? Ou pior, será que fiz algo errado? Fiquei matutando e não consegui pensar em nada, mas isso não acalmou o nó no estômago ou a preocupação na minha mente. Assim, saí pela porta o mais rápido que pude e comecei a dirigir para o escritório. Como de hábito, liguei o rádio e, para minha surpresa, ouvi que a empresa para a qual eu trabalhava na época (Lynda.com) havia sido adquirida pelo LinkedIn.

Espera aí, o quê? Eu realmente não fazia ideia de que isso aconteceria – mesmo trabalhando no RH e me reportando à diretora de pessoal. Eu estava atordoada e confusa.

Mas também estava animada. Tinha acabado de ver o CEO do LinkedIn, Jeff Weiner, dando uma palestra na conferência Wisdom 2.0 no mês anterior e fiquei muito impressionada com seus valores e liderança. Depois da palestra virei para meu amigo e disse: "Adoraria trabalhar nessa empresa um dia". Assim, enquanto dirigia para o escritório, minha cabeça se enchia de pensamentos positivos como: *Isso é tão bom. Que empresa incrível para trabalhar. Mal posso esperar.*

Cheguei ao trabalho e fui direto para a sala da minha chefe. Ela pediu para eu me sentar e contou sobre a aquisição. Foi um processo acelerado e seria concluído em 30 dias, uma das transações mais rápidas já registradas para uma compra desse porte. Eu teria um aumento e uma boa participação acionária e faria parte da equipe global de Treinamento e Desenvolvimento (T&D). Naquele momento, fiquei chocada, mas feliz e animada também.

Ela então me contou que, enquanto eu e outros dois funcionários estávamos recebendo ofertas de emprego do LinkedIn, o restante da equipe de 50 pessoas seria demitida no dia em que o negócio fosse fechado. Embora fosse normal que funções essenciais como recursos humanos e finanças apresentassem redundâncias em uma aquisição, eu agora sentia tristeza e frustração.

Estava perdendo muitos amigos e colegas com quem havia trabalhado intensamente por quatro anos.

Minha chefe encerrou dizendo que a equipe de T&D trabalhava em Sunnyvale, a 800km de distância, e eu precisaria me deslocar para lá semanalmente no início, com o objetivo de trabalhar de forma remota assim que as coisas se acalmassem. Agora eu teria que me reportar a uma pessoa que não conhecia. Isso aumentou minha preocupação e sensação de angústia.

Essa conversa levou menos de dez minutos, mas mudou tudo em minha vida. Literalmente tu-do. Os projetos em que eu trabalhava pararam. As pessoas com quem trabalhava mudaram. O plano de carreira que eu havia traçado ficou obsoleto. E a pessoa que me supervisionava mudou.

Com a aquisição concluída, passei por mais mudanças, desde o endereço, o e-mail, o laptop que eu usava e os benefícios que recebia até a política de reembolso de despesas de viagens. Precisei aprender todos os sistemas novos para requisitar suporte técnico, monitorar faltas por doença, reservar salas de reuniões e definir metas trimestrais. Tive de aprender a cultura, identificar os relacionamentos e apoiar meu novo supervisor, tudo isso enquanto tentava demonstrar meu valor.

Minha pesquisa sobre a neurociência da mudança começou três meses depois, enquanto observava a mim mesma e aos meus colegas vivenciando coisas que não eram explicadas por todos os modelos e teorias conhecidos sobre a mudança – sim, os mesmos modelos que antes eu ensinava.

É verdade que eu passava por uma das maiores iniciativas de mudança que se pode vivenciar profissionalmente – uma mudança repentina e indesejada, sem capacidade de planejá-la. Mas ainda me impressionava o quanto os modelos não conseguiam dar conta do que estava acontecendo. E eu seria omissa se não destacasse que tive sorte, pois essa mudança foi algo que me deixou animada e me manteve empregada e segura, ao contrário dos milhares de funcionários que todo ano são exonerados ou demitidos.

Mas, obviamente, algo estava errado no que sabemos sobre mudança; assim, comecei a estudar mais o assunto, pois meu livro a respeito da neurociência da aprendizagem tinha acabado de ser publicado e seria natural continuar a pesquisa sobre o tema da mudança. Também sabia que seria interessante dissecar a mudança a partir da minha própria experiência, pois encontraria lições que se aplicariam a outras organizações.

O que descobri me surpreendeu. Na verdade, várias estruturas em nosso cérebro são projetadas para nos proteger de resultados potencialmente prejudiciais da mudança. Os humanos são programados para resistir às mudanças e a todo momento atuamos contra nossa biologia. É bem documentado que, a cada ano, de 50 a 70% de todas as iniciativas de mudança fracassam. Acredito que podemos reduzir esse número significativamente trabalhando **com** a biologia humana e aproveitando o poder de nossos cérebros para ter sucesso na mudança.

Este livro contém os resultados de minha pesquisa sobre as últimas descobertas de uma série de estudos acadêmicos e corporativos, bem como de entrevistas com líderes de todos os tipos de organizações, e culmina no novo modelo de Jornada de Mudança. Eu os sintetizo em lições práticas para você usar em sua vida. A verdade é que a mudança nos afeta todos os dias, tanto no trabalho quanto em casa. Saber como estamos programados para resistir às mudanças e, principalmente, como superar essa resistência será útil para você por toda a vida.

Este livro é indicado para profissionais que trabalham nos mais diversos mercados e setores organizacionais. Seja liderando, seja vivendo as mudanças, você encontrará dicas e estratégias úteis que pode adotar hoje mesmo. Além disso, usei a pesquisa para desenvolver novos programas de treinamento para líderes, gerentes e funcionários, e estão se mostrando excepcionalmente eficazes em todos os tipos de organizações e setores ao redor do mundo. Se quiser saber mais, visite BrittAndreatta.com/training.

Esta obra está organizada em cinco seções:

I. Começaremos aprendendo como é a mudança nas organizações atuais.

II. A seguir, mergulharemos na neurociência da mudança e por que ela leva ao medo, ao fracasso e à fadiga.

III. Depois apresentarei a você o novo modelo de Jornada de Mudança, que sintetiza todas as descobertas em uma ferramenta eficaz.

IV. Também compartilharei dicas e estratégias para funcionários e todos os níveis de líderes responsáveis por conceber ou implementar mudanças.

V. Terminaremos com uma visão dos fatores que impulsionarão a mudança em sua organização nos próximos anos.

Faça uma jornada de aprendizado

Antes de escrever este livro, ensinei o conteúdo por meio de workshops, palestras magnas em conferências e empresas e treinamentos que desenvolvi para líderes e funcionários. Em uma apresentação ao vivo, formulo as melhores práticas em design de aprendizagem com base na pesquisa de minha obra anterior, *Programados para crescer 2.0: use o poder da neurociência para aprender e dominar qualquer habilidade.*

Envolver-se pessoalmente com os conceitos é útil para entender e lembrar do assunto, e para mudar comportamentos, de modo que você atue de uma nova maneira. Para reforçar isso, no final de cada seção você encontrará um ícone de lâmpada indicando uma seção chamada "Sua Jornada de Aprendizado". Cada uma delas traz instruções para aplicar o conteúdo em suas experiências de mudança atuais ou previstas. Recomendo que utilize essas seções para aumentar sua confiança e competência em mudanças. No final você terá um plano para implementar mudanças com sucesso e prosperar em meio a efeitos caóticos de mudanças implacáveis.

Para facilitar, criei um PDF para download gratuito em que você preenche os espaços em branco enquanto explora cada conceito (https://www.brittandreatta.com/books/programado-para-resistir/) [site da autora, no qual será disponibilizado material traduzido].

Dica: para maximizar sua experiência, encontre um parceiro com quem possa compartilhar o conteúdo. A aprendizagem social realmente aumenta a retenção na memória de longo prazo e, ao trabalhar em parceria, ambos ganham com a experiência do outro. Portanto, convide um amigo ou colega que também esteja passando por mudança (dica: alguém que esteja com batimento cardíaco acelerado) e explorem juntos.

Além disso, criei um programa de treinamento abrangente para o modelo Jornada de Mudança. Ele inclui apresentações, vídeos, atividades práticas, avaliações e um exemplar deste livro. Caso queira obter o certificado do modelo ou trazer o treinamento para sua organização, visite BrittAndreatta.com/training.

Uma observação sobre a imagem da capa. Na ciência, o símbolo de mudança é Δ, ou delta. Quando eu cursava a faculdade usávamos o Δ em nossos relatórios do laboratório, mas ele também é utilizado como abreviatura nas anotações para representar o conceito de mudança ou diferença. Além disso, o triângulo é a forma utilizada pelos sinais de trânsito que transmitem algum tipo de alerta e também representa uma montanha que pode ser escalada. Pareceu-me apropriado remexer esses conceitos para transmitir a neurociência da mudança, nossa resistência biológica a ela e nossa capacidade de percorrer com sucesso uma jornada de mudança.

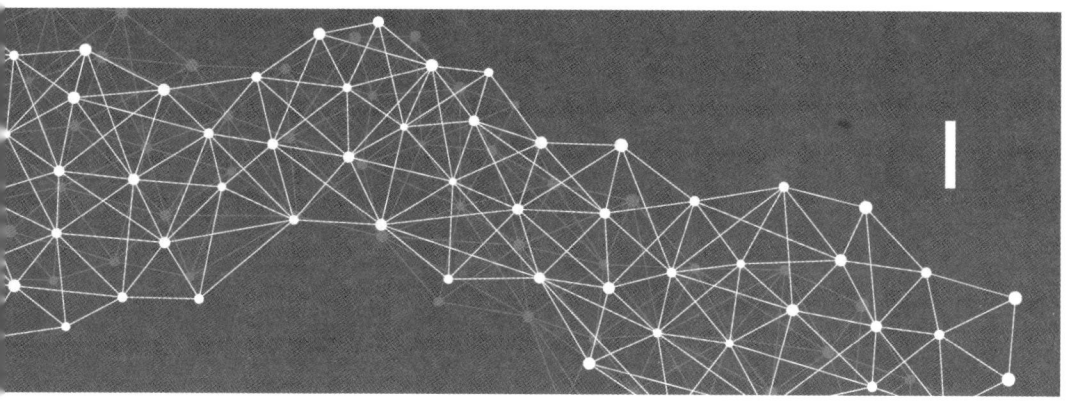

ENTENDENDO A MUDANÇA

"Não é o mais forte das espécies que sobrevive, nem o mais inteligente, mas aquele que melhor se adapta às mudanças."

Leon C. Megginson,
professor e autor do livro
"Administração: Conceitos e Aplicações"

1. Os Custos de a Mudança Dar Errado

Mudanças malsucedidas custam trilhões de dólares por ano. Alguns desses fracassos são tão alardeados ou difundidos que todos nós os conhecemos. Considere o site HealthCare.gov ou o smartphone Galaxy Note 7 da Samsung, custando mais de US$840 bilhões e US$5 milhões, respectivamente. Ou considere os erros épicos da mudança de marca da JCPenney ou o fechamento das livrarias Borders após vários equívocos estratégicos. Essas mudanças fracassadas foram manchetes por semanas.

Outras mudanças igualmente caras morrem silenciosamente em organizações em todo o mundo, conhecidas apenas pelas pessoas que lá trabalham. Por exemplo, uma indústria farmacêutica global investiu milhões de dólares para implementar um novo sistema de planejamento de recursos empresariais (ERP) e ainda não obteve sucesso após três tentativas. E uma empresa global de alta tecnologia teve que jogar fora uma onerosa reformulação de seu processo de avaliação de desempenho após uma mudança de última hora no apoio executivo.

Iniciativas de mudança fracassadas afetam todos os setores e todos os níveis da organização. Podem ocorrer em todas as funções, de marketing a recursos humanos e de produção a jurídico. Vários estudos mostraram que de 50 a 70% das iniciativas de mudança fracassam. Esses números são surpreendentes. As iniciativas de mudança não são apenas caprichos espontâneos criados por amadores. Elas são cuidadosamente concebidas e habilmente elaboradas por líderes e especialistas no assunto. Relatórios são escritos, dados são analisados e planos de implantação são desenvolvidos.

Mesmo assim, de metade a três quartos fracassam... de forma dispendiosa e, por vezes, estarrecedora. A mudança pode fracassar por uma ampla variedade de motivos. De acordo com a McKinsey & Company, uma empresa de consultoria global, existem três formas de fracasso:

- **Fracasso no lançamento**, o que indica que houve muita resistência para fazer a mudança planejada decolar.
- **Fracasso para manter**, que acontece quando uma boa ideia é lançada, mas nunca obtém adoção suficiente para se tornar parte do trabalho diário ou da cultura da organização.

- **Fracasso para escalar**, que acontece quando a mudança não consegue fazer a transição com sucesso à medida que a organização cresce.

Consequências imprevistas

O custo da mudança fracassada não é a única consequência. Iniciativas fracassadas de mudança podem gerar um efeito cascata que prejudica a satisfação do cliente e a lealdade do funcionário. De fato, a mudança mal administrada, caso seja sistêmica, pode fazer com que os funcionários percam a fé em seus líderes e no futuro da organização. Como resultado, os empregados se desengajam e acabam indo embora.

Isto é certamente é um problema nos Estados Unidos, onde o US Bureau of Labor Statistics (Departamento de Estatísticas do Trabalho dos EUA, em tradução livre) mostra que existe agora mais vagas de emprego do que contratações, permitindo que os candidatos tenham mais poder para encontrar um lugar melhor para trabalhar. Mas isso também acontece ao redor do mundo. De acordo com um estudo global feito em 2015 pela Globoforce, uma empresa de desenvolvimento de talentos, líderes de RH que atuam em diversos tipos de setores de atividade identificam a rotatividade de empregados e o engajamento como suas principais preocupações.

Os pesquisadores vêm estudando o custo de desligamento de funcionários e o Gallup estima que um empregado demitido custa US$3.400 para cada US$10.000 em salário, ou 34%. O Gallup é conhecido por sua pesquisa inovadora e global sobre engajamento dos funcionários. Conforme descrito em seu relatório *State of the American Workplace* (Estado da Força de Trabalho nos EUA, em tradução livre), foram identificados três tipos de funcionários:

- **Engajados:** "os funcionários engajados trabalham com paixão e sentem uma profunda conexão com a empresa. Promovem inovações e impulsionam a organização para frente". Nos EUA, o estudo do Gallup mostra que 30% dos empregados estão nesta categoria.
- **Não engajados:** o estudo constata que 52% dos empregados não estão engajados. São definidos como funcionários que "essencialmente

estão 'fora do jogo'. Andam como sonâmbulos durante o expediente, dedicando tempo, mas não energia ou paixão, a seu trabalho".
- **Desengajados:** nos EUA, cerca de 18% dos empregados estão ativamente desengajados e "demonstram sua infelicidade, minando o que seus colegas de trabalho engajados realizam". O custo financeiro aparece em atrasos, dias perdidos de trabalho, diminuição da produtividade e pequenos furtos, como roubo de material de escritório e outros recursos.

	Escritórios da Empresa A nos EUA	Escritório da Empresa B em Denver
Número de funcionários	3.725	120
Porcentagem de desengajados (média nacional 18%)	671	22
Salário médio	US$150.000/ano	US$50.000/ano
Porcentagem de custo do desengajamento	34%	34%
Custo por empregado desengajado	US$51.000/ano	US$13.600/ano
Custo total do desengajamento	US$34.221.000/ano	US$299.200/ano

Um exemplo de cálculo de custo do desengajamento

Quando presto consultoria a executivos, gosto de ajudá-los a entender o custo real do desinteresse. Preparo um slide que mostra o que a análise do Gallup significa para a organização deles. Só preciso do número de funcionários e do salário médio na organização para mostrar esses dados convincentes (ver os exemplos mencionados). Usando os dados do Gallup também consigo mostrar o impacto do desengajamento em determinadas atividades, como agências de publicidade ou em setores como o governo federal ou estadual.

Estima-se que os funcionários desengajados custem às organizações mais de US$550 bilhões por ano apenas nos Estados Unidos. E quanto ao resto do mundo? O relatório *State of the Global Workplace* (Estado da Força de Trabalho Global, em tradução livre) mostra que 30% dos empregados globais estão ativamente desengajados, com dados específicos por país e região. Na Índia, por exemplo, 32% dos funcionários são desengajados, e esse número sobe para 45% na África do Sul e cai para 14% nos Emirados Árabes Unidos.

	Empresa C Índia	Empresa D África do Sul
Número de funcionários	500	500
Porcentagem de desengajados (média nacional)	160 (32%)	225 (45%)
Salário médio	US$15.000/ano	US$15.000/ano
Porcentagem de custo do desengajamento	34%	34%
Custo por empregado desengajado	US$5.100/ano	US$5.100/ano
Custo total do desengajamento	US$816.000/ano	US$1.147.500/ano

Custo do desengajamento por região

Ao verem os custos gerais e reais dos funcionários desengajados, os líderes ficam muito focados na criação de um ambiente de trabalho engajador.

O que a mudança tem a ver com engajamento? Bastante, na verdade. Como você descobrirá nos próximos capítulos, somos biologicamente programados para a constância e podemos considerar os ambientes caóticos ou em rápida mudança muito estressantes. Embora possamos reagir primeiro nos concentrando e trabalhando mais, no final das contas nosso cérebro vai nos forçar a "sair do jogo" emocionalmente, e até mesmo fisicamente, transformando-nos naqueles funcionários sonâmbulos e infelizes que o Gallup descreve.

Também aprenderemos que, quando os funcionários não conseguem achar o seu lugar na mudança, é mais provável que desistam. Embora perder um empregado desinteressado possa ser uma bênção, a verdade é que é mais provável que você perca seus melhores funcionários. E substituir boas pessoas é muito mais caro do que os líderes costumam imaginar.

Uma pesquisa da Society for Human Resource Management (Sociedade para a Gestão de Recursos Humanos, em tradução livre) constata que o custo de substituição de um funcionário é de 50 a 250% do seu salário anual mais benefícios. Esse cálculo leva em conta o custo de recrutamento e contratação de uma nova pessoa, a perda de produtividade da função até que seja preenchida e o tempo que leva para a nova pessoa ficar pronta e totalmente produtiva.

A faixa de porcentagem se baseia no nível de habilidade do funcionário. Os cargos de nível básico custarão 50% do salário mais benefícios para substituir, enquanto uma posição de liderança ou de alto nível de habilidade (por exemplo, TI ou engenharia) ficará mais próxima de 250%. Repetindo, isso pode parecer muito abstrato, de modo que acho útil calcular os verdadeiros custos para que os líderes possam ver o impacto real. Use dados do RH e fontes do setor para ter uma percepção do impacto real em seus resultados financeiros. O site Bonus.ly (https://bonus.ly/cost-of-employee-turnover-calculator) tem uma calculadora online de "custo de rotatividade de funcionários" que permite inserir os dados e ver mais detalhes. De novo, os líderes costumam se surpreender ao ver quanto o desgaste está realmente lhes custando.

Não é que as pessoas não estejam tentando resolver o problema. Centenas de livros foram escritos sobre gerenciamento de mudanças e milhares de empresas de consultoria oferecem seus serviços. Você pode encontrar uma infinidade de estudos, artigos e postagens em blogs tentando decifrar o assunto.

Por exemplo, considere estas descobertas da pesquisa global da empresa de consultoria Willis Towers Watson sobre o ROI (retorno sobre o investimento) de mudança e comunicação envolvendo empresas da América do Norte, Ásia e Europa:

- Vinte e nove por cento das iniciativas de mudança são lançadas sem qualquer tipo de estrutura formal para apoiá-las.
- Oitenta e sete por cento dos entrevistados afirmaram que fornecem treinamento em gestão de mudanças para seus gerentes, mas somente 22% das organizações dizem que seu treinamento em mudança é eficaz.
- Embora 68% dos líderes mais graduados digam que estão "entendendo a mensagem" sobre a mudança, isso cai para 53% entre os gestores de nível intermediário e para 40% entre os supervisores da linha de frente.

Claramente há muitas oportunidades para melhorar nossa compreensão das mudanças atuais. Até o momento, poucas pessoas estão explorando a neurociência da mudança e menos ainda sabem como traduzir esse conhecimento em lições práticas e treinamento de liderança. É isso que pretendo fazer neste livro.

2. Mudança no Mundo Moderno

Não há como contornar a mudança. Ela acontece todos os dias em todo tipo de organização. Mas a natureza da mudança no ambiente de trabalho definitivamente mudou nos últimos 30 anos, impulsionada por alguns fatores principais.

Em primeiro lugar, o ritmo da inovação tecnológica aumentou. Quando você mapeia os avanços em tecnologia da nossa geração em uma linha do tempo, o espaço entre eles fica cada vez menor. E o tempo que leva até que 25% da população dos EUA os esteja usando fica ainda mais curto. Cada inovação tem o poder de mudar radicalmente a sociedade, incluindo a forma como os negócios são feitos.

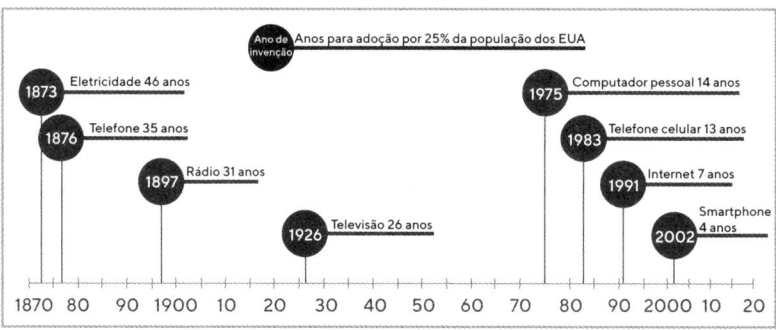

Tempo de adoção de novas tecnologias (fonte: Singularity.com)

Pense no quanto o seu trabalho diário mudou com as demandas da comunicação imediata de e-mails e sites. E como o uso generalizado de smartphones gera mais demanda por acesso móvel, de modo que você tenha tudo o que precisa em seu bolso, 24 horas por dia.

Além disso, a tecnologia é um grande negócio e a inovação dos fabricantes de computadores, smartphones e softwares cria um mercado competitivo e acelerado que gera atualizações e versões infindáveis. Se a sua organização não tiver iniciativas de mudança além de acompanhar as novas tecnologias, você provavelmente ainda estará bastante ocupado com elas.

Em segundo lugar, a tecnologia possibilitou a comunicação e os negócios globais de tal maneira que o trabalho costuma ser 24 horas por dia, sete dias da semana, 365 dias por ano, pois, em algum lugar, você tem um funcionário trabalhando ou tentando entrar em contato com um potencial cliente ou fornecedor. Mesmo sendo uma pequena empresa familiar trabalhando em horário comercial no centro da cidade, você não consegue se proteger de todas essas mudanças porque elas afetam seus funcionários e clientes.

Em terceiro e último lugar, o capitalismo gera uma onda implacável de crescimento e melhoria. O mercado está repleto de potenciais inovadores, especialmente porque a tecnologia facilitou muito a criação de novos negócios nessa economia digital. Para que sobrevivam, as empresas precisam se empenhar em algo mais novo/rápido/melhor que as diferencie dos concorrentes.

A mudança é constante, em ritmo acelerado e implacável, muito parecido com as ondas do oceano batendo na costa. Você pode se esconder mergulhando em uma, mas, quando voltar à superfície, simplesmente verá um conjunto de ondas se formando e vindo em sua direção. Algumas podem ser pequenas e outras poderão lhe derrubar se você não estiver preparado ou se não tiver as habilidades certas.

Como todas essas mudanças podem impactar a vida do colaborador? Elas assumem muitas formas nas organizações modernas. Podem ser relativamente pequenas, como um novo sistema telefônico, ou abrangentes, como um redesenho total da organização ou de seus produtos. Os funcionários passam por uma série de mudanças, como as mais comuns descritas a seguir. Pense em quais lhe afetaram nos últimos 12 meses:

- Um novo emprego ou função.
- Um novo gerente.
- Uma mudança para uma estação ou local de trabalho diferente.
- Um novo líder de sua função ou organização.
- Uma mudança em sua equipe (perda ou ganho de colegas de trabalho).
- Uma mudança em outro departamento ou equipe que afeta o seu.
- Uma mudança em um processo, política ou procedimento.
- Uma implementação de tecnologia nova ou diferente.
- Uma diretriz para conquistar um novo cliente ou mercado.
- Uma mudança para um novo território regional ou global com diferentes culturas, leis, costumes e, talvez, idiomas.

- Uma fusão ou aquisição.
- Uma mudança geopolítica que afeta o mercado interno.

Essas mudanças no trabalho também podem gerar grandes mudanças pessoais: mudar para uma nova casa, estabelecer-se em um novo bairro ou comunidade e, talvez, mudar seus filhos para uma nova escola.

Você pode ver que a mudança acontece de várias maneiras e que, na verdade, passamos por várias iniciativas de mudança simultaneamente.

Cinco tipos de mudança

Embora possam diferir em tamanho e impacto, existem, essencialmente, cinco tipos de mudança. Veja se você consegue identificar quais estão em jogo agora em sua organização:

1. **Estratégica (como a organização cumprirá sua missào):** isso inclui redesenhar produtos ou serviços e buscar novos mercados. Por exemplo, quando o LinkedIn acrescentou o aprendizado ao seu pacote de serviços ao adquirir o Lynda.com. Embora a empresa se concentrasse anteriormente em ajudar os profissionais a encontrar oportunidades e construir sua rede de contatos, a adição de aprendizado permitiu que ajudassem as pessoas a eliminar GAPs de competências para serem mais qualificadas para determinadas funções.

2. **Estrutural (a configuração interna da organização):** isso inclui as divisões ou funções, o organograma funcional e procedimentos administrativos. As mudanças podem incluir reorganização de equipes ou departamentos, aumento de contratações que adicionam camadas de hierarquia ou expansão de locais. Toda vez que a gigante do mobiliário IKEA abre uma nova loja dentro de um território existente ou se expande para um novo país, está fazendo uma mudança estrutural.

3. **Processo (como a organização maximiza a produtividade e o fluxo de trabalho):** isso inclui a otimização dos processos de fabricação, implementação de um novo software para apoiar as vendas ou a mudança de tecnologia, como a implementação de um novo sistema de e-mail ou acesso móvel. Por exemplo, quando a Coca-Cola, Stanley Black & Decker e American Red Cross implementaram o Salesforce, eles se envolveram em uma mudança voltada para o processo.

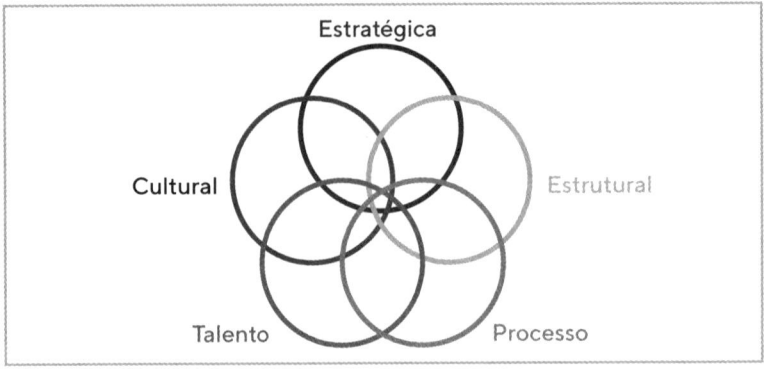

Os cinco tipos de mudança no trabalho.

4. **Talento (maximização de competência e desempenho do funcionário):** isso envolve iniciativas associadas a todos os aspectos da jornada do funcionário, incluindo contratação, supervisão, orientação e treinamento. Muitas organizações estão mudando a forma como fazem avaliações de desempenho. A Adobe foi uma das primeiras a acabar com o processo tradicional de classificação anual e muitas empresas seguiram o exemplo, como GE, Gap, Accenture e Deloitte, para citar algumas.

5. **Cultural (mudança de atitudes, valores e comportamentos de pessoas como funcionários e clientes):** isso pode incluir a revisão dos valores fundamentais, da marca e do marketing, e até mesmo como as pessoas se envolvem com o produto ou serviço. Por exemplo, ao assumir como novo CEO da Microsoft em 2014, Satya Nadella lançou uma mudança cultural intencional voltada para o aprendizado e aprimoramento contínuos, baseada nos princípios defendidos pela obra da Dra. Carol Dweck sobre a mentalidade de crescimento.

Mas nem todas as mudanças são iguais. Grandes mudanças muitas vezes incluem mais de um desses tipos, criando um efeito dominó em toda a organização, e todas têm o potencial de causar impacto em outras pessoas fora da organização – como fornecedores, clientes e acionistas –, criando uma intrincada rede de possíveis efeitos e consequências. Outras mudanças podem ser pequenas e quase não aparecer na organização. Isso me fez pensar sobre o que distingue uma experiência de mudança de outra e se essas diferenças podem nos ajudar a analisar a prontidão para mudanças ou prever possíveis problemas.

3. Mudança vs. Transição

O conceito de **mudança** na verdade abrange duas entidades grandes e muito diferentes, e é vital entender a diferença. Por um lado, você tem a mudança em si, factual e estrutural; algo que você executa. Isso pode estar encapsulado em um plano de mudança detalhado por escrito, com metas mensuráveis, marcos e prazos. E então existe a **transição**, a resposta psicológica humana à mudança, que inclui as reações emocionais das pessoas quando confrontadas com a mudança e o quanto estão motivadas para passar por isso. A transição é um processo, em grande parte conduzido pela nossa biologia, de modo que é algo que requer ajustes em vez de execução.

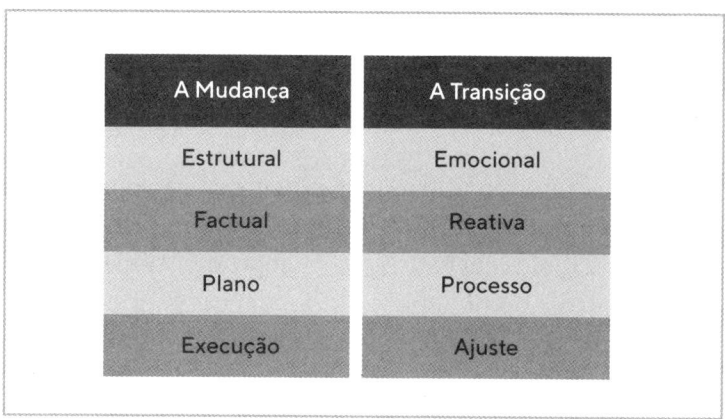

Mudança versus transição

O Dr. William Bridges, autor de *Managing transitions* (Gerenciamento de Transições, em tradução livre), argumenta que, com muita frequência, os líderes em organizações cometem o grande erro de se concentrar apenas em projetar e executar um plano de mudança, sem se preparar ou gerenciar adequadamente a transição.

Acredito que a má gestão da transição é a razão pela qual tantas iniciativas de mudança fracassam. Todas as mudanças exigem que as pessoas aceitem e participem. Por mais detalhados que sejam, os planos de mudança não conseguem contornar as pessoas que são resistentes, relutantes ou totalmente contrárias.

A boa notícia é que não precisa ser assim. Com a avaliação e o planejamento corretos, os líderes podem ficar prontos para passar com sucesso pela transição e, mais importante, ajudar seu pessoal a fazer o mesmo.

Mapeamento da dificuldade de mudança: disrupção e aclimatação

Em todas as várias iniciativas de mudança que testemunhei em meus anos de consultoria, tenho visto consistentemente quatro fatores que influenciam os resultados. Os dois primeiros:

- **Disrupção:** quanta disrupção a mudança cria para os funcionários? Algumas interferem completamente no fluxo de trabalho diário enquanto outras têm um impacto insignificante. Portanto, há um continuum de disrupção que vai de muito baixa a muito alta.
- **Aclimatação:** o tempo que leva para se aclimatar ou se acostumar com a mudança é outro fator. Em algumas mudanças, a aclimatação pode ocorrer muito rapidamente (horas ou dias) e em outras pode se arrastar por meses ou até anos. Este seria outro continuum variando de muito pouco tempo a muito tempo.

Esses dois fatores nos permitem representar graficamente o impacto de diferentes tipos de mudanças em quadrantes. As mudanças que são de baixa disrupção e que requerem pouco tempo de aclimatação caem na parte inferior esquerda ou na zona verde: mudanças para as quais é fácil se ajustar rapidamente. Por exemplo, se você adota uma iluminação ecológica ou troca para um fornecedor diferente, os funcionários podem nem notar a diferença.

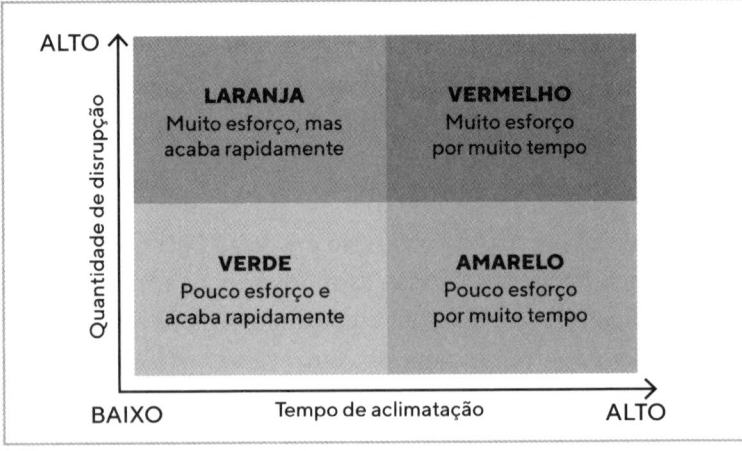

Matriz de disrupção e aclimatação

Se uma mudança cai na zona inferior direita (amarela), não causa muita disrupção mas exigirá perseverança, pois o período de adaptação demorará mais tempo. Por exemplo, a lenta preparação para cumprir um novo regulamento que entra em vigor em dois anos.

A zona superior esquerda (laranja) representa mudanças que são bastante disruptivas, mas com aclimatação muito rápida, como a conversão para um novo sistema de e-mail e calendário, como o Microsoft Outlook ou o pacote do Google. Quase inevitavelmente, as mudanças que afetam a maneira como as pessoas se comunicam, agendam reuniões e gerenciam seu tempo serão pouco perturbadoras. Normalmente, conversões como essa são implementadas em um fim de semana, embora meses de trabalho tenham ocorrido em segundo plano até a data da conversão.

Por fim, a zona superior direita (vermelha) representa mudanças que são muito disruptivas e que demoram muito tempo para aclimatação. Os exemplos incluem uma revisão completa dos produtos e serviços de uma organização, ou uma fusão ou aquisição com uma empresa com muita diferença de valores, estrutura de liderança etc.

Essa matriz fornece uma forma rápida de avaliar as mudanças. Por exemplo, o departamento de instalações pode decidir que precisa mudar as torneiras dos banheiros ou recapear o estacionamento. Dependendo da situação, essas coisas podem cair na zona verde – a menos que a organização tenha poucos banheiros e espaços limitados para estacionamento, caso em que a mudança pode exigir que as pessoas alterem completamente suas rotinas (disrupção) por muitos dias (aclimatação), colocando essas mudanças na zona laranja.

Ao trabalhar com líderes em iniciativas de mudança, peço que utilizem essa matriz para pensar no impacto que as mudanças propostas terão sobre os funcionários. É um bom indicador de quanta resistência e perturbação uma mudança pode causar.

No entanto, a matriz de dificuldade de mudança ainda não conta a história toda, porque outros dois fatores desempenham um papel importante na forma como os funcionários reagem à mudança:

- **Escolha individual:** os funcionários escolheram a mudança ou ela lhes será imposta?

- **Desejo:** o quanto os funcionários querem a mudança ou, de novo, ela lhes está sendo imposta?

Esses dois fatores são os mais importantes porque moldam os principais aspectos psicológicos de como os humanos são programados.

Mapeamento da motivação do funcionário

A escolha e o desejo afetam nossas emoções, atitudes e motivações, como tenho certeza de que você já viu isso em suas próprias experiências. É mais fácil aceitar mudanças que você escolheu ou quer, mesmo quando representam mais disrupção ou mais tempo de aclimatação. De novo, esses dois fatores podem ser mapeados em uma grade de "sim" ou "não" para escolha e desejo.

	Escolha: Não	**Escolha: Sim**
Desejo: Sim	Aproveita a oportunidade / Caminha com propósito	Comemora a vitória / Corre em direção a ela
Desejo: Não	Resiste à imposição / Finca o pé no chão	Tolera/aceita a situação / Se arrasta

Mapeamento de escolha e desejo

Ao desejar e escolher uma mudança (sim e sim), é provável que você fique feliz e a vivencie com entusiasmo e energia. Por exemplo, você de fato quer o emprego e aceita a oferta. Sua motivação provavelmente seria como se estivesse correndo em direção a ela e comemorando a vitória. Mesmo que esse novo emprego incrível possa representar um pouco de disrupção em sua vida e a aclimatação possa levar um tempo, sua motivação será muito positiva, e é por isso que precisamos de ambas as matrizes para efetivamente entender a mudança.

Caso de fato queira uma mudança que você não escolheu, provavelmente a considerará uma oportunidade inesperada, mas boa. É assim que me sinto sobre a aquisição de minha empresa – embora não tivesse escolhido, eu estava bastante entusiasmada porque era uma grande fã da empresa compradora e realmente admirava o CEO. Minha motivação parecia como se estivesse caminhando em direção a ela, sentindo-me bem por aproveitar a oportunidade inesperada.

O quadrante seguinte – uma mudança que você não desejou, mas escolheu – é complicado e provavelmente representa algum tipo de "deveria" ou sacrifício intencional, como aceitar uma posição inferior em vez de demissão ou realocação, porque pode levar a mais oportunidades no futuro. É um pouco mais difícil se animar com estas, de modo que a motivação é menor porque você está tolerando ou aceitando as condições. Parece que você está se arrastando, e pode incluir ressentimento ou decepção, mesmo que esteja tentando tirar o melhor proveito disso.

Por fim, no quarto quadrante estão as mudanças que você não escolheu nem queria (não e não – às vezes "claro que não!"). Obviamente, sem uma motivação natural, você provavelmente sentirá muita resistência a essa imposição, talvez precisando que outros o empurrem ou arrastem junto. Dependendo do quanto se sente mal a respeito, você pode até mesmo lutar ativamente contra a mudança, fincando os pés no chão.

Quando começar a mapear as iniciativas de mudança utilizando esses quatro fatores – disrupção, aclimatação, escolha e desejo –, você descobrirá que tem uma forma muito melhor de prever quando as pessoas (funcionários, clientes, eleitores etc.) tendem a resistir. Você também terá uma melhor compreensão de quanta habilidade os líderes e gerentes precisam para ajudar as pessoas nesses desafios. Um gerente inexperiente ou ineficaz provavelmente pode se dar bem liderando um grupo ansioso por uma mudança verde ou amarela. Mas precisará muito mais habilidades diferenciadas de liderança se houver dificuldade ou resistência e estiver conduzindo o grupo por uma mudança altamente disruptiva.

Essa avaliação ajudou um diretor de tecnologia a revisar completamente sua abordagem em relação à mudança em uma das melhores universidades de pesquisa do mundo. Ele havia sido contratado para realizar uma grande mudança na forma como os serviços de tecnologia eram fornecidos em todo o campus, atendendo alunos, funcionários e professores. Além disso, tinha herdado uma equipe de profissionais experientes que estavam em suas funções há anos.

Ele precisava lançar várias iniciativas de mudança importantes durante um período de três anos, muitas delas disruptivas, primeiro para sua equipe e depois para as demais pessoas atendidas na universidade. Ao mapear esses quatro fatores ele obteve informações valiosas que o ajudaram a definir o timing, a mensagem e o método para cada uma das iniciativas. Também conseguiu definir quem precisava de qual tipo de treinamento para prepará-los melhor para o sucesso.

4. A Curva de Mudança

A curva de mudança é um modelo clássico que resistiu ao teste do tempo. Descobri que é uma ferramenta útil para ajudar os líderes a entender a transição, o aspecto emocional da mudança.

A curva de mudança é elaborada a partir da pesquisa da Dra. Elizabeth Kubler-Ross, que estudou a morte e o morrer. Ela constatou que as pessoas passavam por estágios previsíveis de luto e aceitação quando diante de uma grave crise de saúde. Vários pesquisadores de diferentes áreas notaram que o modelo parecia se aplicar a todo tipo de situação de mudança pessoal. Mas a aplicação aos negócios ocorreu em 1990 quando Dottie Perlman e George Takacs estudavam mudança em uma organização de saúde e perceberam que os funcionários exibiam as mesmas reações identificadas por Kubler-Ross. Finalmente, em 1998, David Schneider e Charles Goldwasser publicaram um modelo formal para aplicação nos negócios na *Management Review*.

A curva de mudança mostra que esta pode ser representada como um gráfico que mapeia o tempo ao longo do eixo horizontal e a produtividade e o moral no eixo vertical. Antes de iniciar uma mudança, o grupo ou equipe está funcionando em seu nível "normal" de produtividade e moral. Esse nível pode ser mais alto ou mais baixo do que outros grupos, mas é o estado cotidiano deles. Em seguida o grupo passa por quatro estágios.

Pesquisas sobre a curva de mudança mostram que, quando diante de mudanças, os humanos passam por um padrão previsível de emoções. E grande parte da liderança de um processo de mudança é estar preparado para as emoções da transição e ter paciência e empatia à medida que as pessoas se movem pela curva.

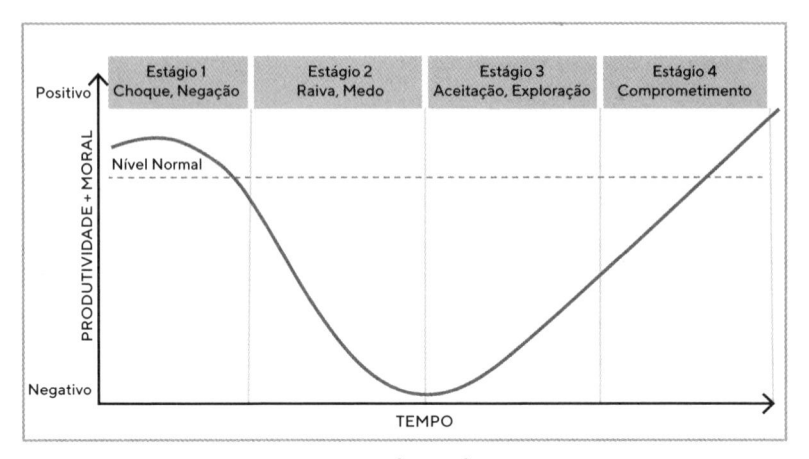

A curva de mudança

No início essas emoções afetam tanto a produtividade quanto o moral, mas com o tempo as pessoas tendem a trabalhá-las até que a mudança se torna o novo normal. Este é o padrão geral:

- **Estágio 1: a mudança é anunciada, afetando o status quo.** Isso pode resultar em sentimentos de choque e negação. Os funcionários tendem a questionar a mudança ou até mesmo ignorá-la e não levar tão a sério. Você pode ouvir as pessoas dizendo coisas como: "Não acredito que estão fazendo isso" ou "Eles nunca vão continuar com isso", e fazendo perguntas como: "Como isso me afetará?".
- **Estágio 2: a mudança é recebida com raiva e resistência.** Nesta fase as pessoas percebem que a mudança não vai embora e podem ficar com raiva. Os comentários aqui podem ser: "Este não é um bom plano e não funcionará" ou "Por que estão fazendo isso com a gente?", "É injusto!" e "Eu não gosto disso".
- **Estágio 3: a aceitação relutante se estabelece.** Na parte inferior da curva as pessoas começam a aceitar que não podem evitar a mudança. É provável que você ouça comentários como: "Parece que está acontecendo mesmo, então é melhor eu aceitar". Neste ponto você pode notar pessoas tentando negociar um compromisso que torne a mudança mais favorável. Eles podem fazer sugestões como: "Que tal se apenas fizermos isso?".

- **Estágio 4: a mudança é abraçada com comprometimento.** As pessoas continuam a avançar com a mudança, entendendo o que é necessário e ficando envolvidas com ela. Quando você constata evidências de esperança e engajamento, e ouve coisas como "Acho que isso pode funcionar", as pessoas começaram a abraçar a mudança. Como agora estão aceitando, as pessoas ficam criativas, muitas vezes oferecendo sugestões de como a mudança poderia ser melhorada. E podem ficar até impacientes, querendo uma implantação ainda mais rápida agora que se sentem prontas. Este comprometimento continua até que a mudança seja concluída. No início há empolgação com a conquista e você ouvirá coisas como "Conseguimos!" e "Como é que conseguíamos fazer pelo modo antigo?". Depois as coisas se acalmam e você volta para o status quo... até que a próxima iniciativa de mudança seja anunciada.

A curva de mudança fornece um mapa da transição – e realmente não há como contorná-la. Ignorar os sentimentos confusos que a mudança traz à tona não faz com que ela desapareça e, na verdade, torna as coisas ainda piores. Uma boa liderança pode encurtar o período de tempo ou diminuir a altura da curva, mas ela não desaparecerá completamente porque somos biologicamente programados para resistir à mudança. Os líderes muitas vezes precisam de ajuda para se preparar para a confusão do processo, pois podem ficar desanimados ao verem como as pessoas reagem. Na seção IV analisaremos as habilidades que preparam melhor os líderes e gerentes para fazer a mudança e a transição com sucesso.

5. Houston, We Have a Problem[1]

Embora seja útil, o modelo da curva de mudança não explica inteiramente como a mudança se desenvolve no ambiente de trabalho moderno.

Em primeiro lugar, não leva em consideração os quatro fatores de disrupção, tempo para aclimatação, desejo e escolha. Como consequência, a curva de mudança não abarca toda a gama de emoções que os funcionários exibem. Por exemplo, quando a mudança é anunciada os funcionários podem sentir entusiasmo e esperança se for algo que querem e escolheram. Se não quiseram ou não escolheram, você poderá ver frustração e ressentimento. Além disso, os funcionários muitas vezes passam por estresse, ansiedade, confusão e até mesmo depressão à medida que a mudança continua.

A primeira metade da curva é difícil porque as pessoas naturalmente se concentram no passado e nas possíveis perdas que a mudança pode trazer. Esta é uma resposta programada biologicamente (que exploraremos com mais profundidade no próximo capítulo sobre a neurociência da mudança), mas é natural e normal e parte do instinto de sobrevivência da nossa espécie. Não é algo que as pessoas possam ignorar ou superar. Sempre digo aos líderes: "Eles não estão sendo difíceis. Estão sendo humanos".

Quando as pessoas chegam à parte inferior da curva, testemunhei três tipos de resignação, que não são explicados pela curva de mudança. Os funcionários podem literalmente demitir-se da organização, deixando seus empregos e, portanto, abandonando a mudança também. Ou, líderes surpresos com o "drama" inesperado podem decidir interromper a implantação da iniciativa de mudança, desistindo da mudança em vez de ter paciência até que a parte inferior da curva volte a subir. Ou os funcionários podem fazer a mudança psicológica e se resignar com a mudança, embarcando emocionalmente.

---

[1] Tradução: "Houston, Temos um Problema".

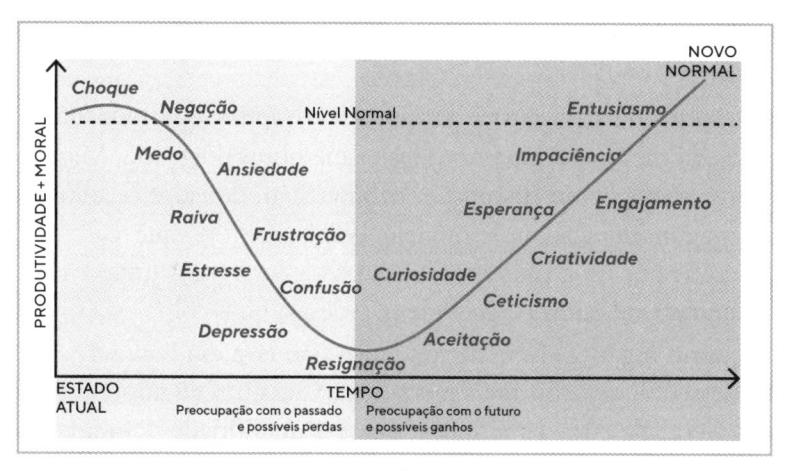

As emoções da transição

Essa mudança psicológica ocorre porque as pessoas são capazes de voltar o seu foco para o futuro e procurar possíveis ganhos. Este é um momento crucial e significativo porque traz sentimentos mais positivos, como curiosidade, criatividade e entusiasmo, que perduram até o fim da mudança. Depois de ver a aceitação você começa a constatar uma progressão lenta em meio a emoções mais positivas e voltadas para o futuro, como a curiosidade (com uma pitada de ceticismo saudável). As pessoas também começam a fazer mais perguntas. Os líderes geralmente descobrem que precisam repetir as informações que vinham dando há semanas assim que as pessoas começam a aceitar a mudança, pois em vez de lutar contra ela, agora estão realmente ouvindo.

Em segundo lugar, não passamos por uma mudança de cada vez. Os funcionários costumam passar por várias curvas de mudança simultaneamente, talvez em diferentes estágios em cada uma. Você pode finalizar uma mudança em seu sistema de e-mail, por exemplo, quando é informado de que terá um novo supervisor. E uma nova política pode ser implementada bem no meio de sua mudança para um novo local de trabalho ou equipe. Você nem sempre tem o luxo de chegar perfeitamente ao final de uma curva de mudança antes de ser lançado em uma ou várias outras. E o que acontece quando começa a abraçar uma mudança, com sentimentos de esperança e entusiasmo, e anuncia-se uma nova mudança pela qual sente resistência? Você recua um pouco a respeito da primeira mudança? Minhas observações dizem que sim, mas os modelos de mudança atuais não dão conta disso.

Em terceiro lugar, a curva de mudança implica que toda mudança é vivenciada da mesma forma por todos os membros do grupo. Mas já vimos que fatores-chave como disrupção, aclimatação, desejo e escolha não são levados em consideração nesse modelo. Não faz sentido que, caso tenha desejo e escolha por uma mudança, você possa apresentar uma reação emocional diferente de outra pessoa que não deseja ou escolhe essa mudança?

Em quarto lugar, a curva de mudança não leva em conta a capacidade de uma pessoa de assumir mais mudanças. Cada um de nós tem uma margem de tolerância para a mudança, que é a quantidade de mudanças que podemos aceitar e ainda funcionar com eficácia. Se você acabou de ter um filho, eu suspeito que sua margem já está bem repleta e que não haja muito espaço para assumir mais. Ou se está passando por uma aquisição, pode não ser um bom momento para reformar a cozinha.

Isso aconteceu comigo: no meio de uma grande reforma da cozinha e lidando com a mãe doente, minha empresa foi comprada. Se o CEO do LinkedIn, Jeff Wiener, tivesse me chamado e perguntado se era um bom momento para mim, eu teria dito que preferia que ele esperasse alguns meses. Minha margem para mudança já estava quase no limite, muito obrigada.

Mas é claro que isso não aconteceu e me vi lidando com tantas mudanças que, se eu tivesse um medidor de resistência à mudança, ele teria extravasado pelo topo e explodido em milhões de pequenos pedaços. Foi um período difícil, física e emocionalmente.

Nesse exemplo, a aquisição, a cozinha e a saúde da minha mãe eram mudanças com alto índice de disrupção e elevado tempo para aclimatação. Mas sua margem de tolerância também pode ser preenchida com muitas pequenas mudanças. Quantas mudanças amarelas são demais? E o que acontece se você adicionar uma mudança vermelha ou laranja à mistura?

Além da margem de tolerância, a maioria das pessoas tem um estilo preferido para abordar e lidar com mudanças. Segundo pesquisa da Dra. Chris Musselwhite, as pessoas respondem à mudança em um *continuum*, particularmente na forma como veem a necessidade de mudança e seu próprio interesse em participar.

```
| Conservador        Pragmático        Originador |
|-+-+-+--+--+--+---+---+---+--+--+-+-+-|
```

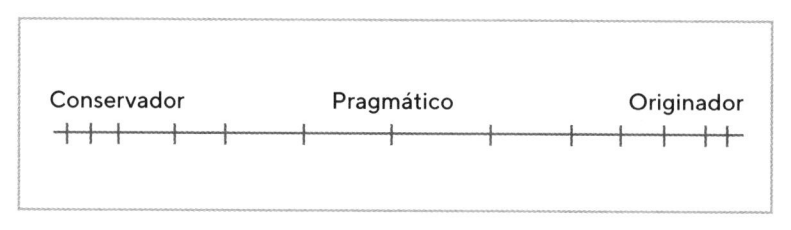

O continuum de estilo de mudança

Em uma extremidade você tem os conservadores, que são mais cautelosos com as mudanças em geral e tendem a resistir ao desconhecido. Quando confrontados com mudanças eles precisam de muitas informações e de muito tempo, mas são estáveis, confiáveis e consistentes. Preferem a mudança gradual e preferem fazer pequenas mudanças, mantendo a estrutura atual ao invés de grandes mudanças. Os conservadores fazem boas perguntas e evitam que as pessoas tomem decisões impulsivas, planejando mudanças que possam fazer uma transição suave na organização.

Na outra extremidade do continuum estão os originadores, que gostam de risco e se sentem confortáveis com as mudanças. Como pensadores criativos ou inovadores em um grupo, eles costumam propor mudanças com a mentalidade de "Vamos experimentar". Atuam como os visionários da mudança e muitas vezes criam novas maneiras de fazer negócios. No entanto, geralmente precisam de apoio para pensar nas realidades da implantação. Preferem que a mudança seja rápida e radical e que questione a estrutura atual.

No meio você tem os pragmáticos, que abraçam a mudança quando acreditam que é absolutamente necessária. São práticos e razoáveis, mas, por vezes, evasivos. Por estarem no meio entre conservadores e criadores, os pragmáticos geralmente funcionam como mediadores entre os outros dois, facilitando a cooperação e a comunicação. Preferem mudanças que tenham claramente uma função e estão dispostos a explorar a estrutura atual.

A maioria dos locais de trabalho tem uma mistura bastante uniforme desses tipos de mudança, mesmo em startups de tecnologia de rápido crescimento, em que você pode esperar encontrar uma porcentagem maior de originadores (se quiser saber mais, faça a avaliação do indicador de estilo de mudança da Dra. Musselwhite em DiscoveryLearning.com – conteúdo em inglês).

A curva de mudança assume que todas as pessoas abordam a mudança da mesma forma, quando claramente não é o caso. Não faz sentido que os originadores possam ter uma transição psicológica diferente dos conservadores? Descobri que isso é verdade.

Todas essas questões estavam presentes em um dos principais sites de reservas de viagens online. Os executivos seniores queriam simplificar suas práticas de contratação de modo que todos os 100 recrutadores utilizassem as mesmas estratégias e processos. O vice-presidente do setor de recrutamento criou um plano para mudar todos para um modelo compartilhado. Ele foi bem concebido e a empresa investiu US$100 mil no processo e no treinamento. Assim que a mudança começou a ser implantada, os recrutadores passaram pelas emoções típicas da transição. Estavam adotando o novo processo e se adaptando a ele. No entanto, o diretor de pessoal estava mais cauteloso com a mudança em geral e ficou surpreso ao ouvir reclamações.

Embora o vice-presidente explicasse que essa era uma parte normal do processo, o desconforto do diretor aumentava a cada resmungo. Logo 90% da equipe havia superado o problema e estava indo bem, mas um pequeno grupo de menos de dez pessoas tinha dificuldade. Eles continuaram a reclamar com regularidade ao diretor, cujo próprio desconforto com a mudança e falta de compreensão sobre a transição deram maior peso às preocupações dos funcionários. No final, o diretor interrompeu a mudança alegando que não estava funcionando. Isso custou à empresa não apenas seu investimento e horas de trabalho da equipe, mas, em última análise, sua vantagem competitiva.

6. O Surgimento da Fadiga de Mudança

Um novo desdobramento no ambiente de trabalho moderno é a fadiga de mudança, que é o cansaço físico e mental consistente associado à mudança organizacional. Ocorre quando as pessoas simplesmente não conseguem acompanhar o ritmo ou o volume das mudanças vindo em sua direção. Para pequenas iniciativas, o esforço físico e psicológico pode ser baixo, mas, à medida que mais mudanças começam a se sobrepor, a capacidade de uma pessoa de lidar bem pode ficar no limite.

Quais são os sinais da fadiga de mudança no ambiente de trabalho? Das linhas de frente aos altos executivos, você pode ver vários sintomas, incluindo desinteresse, exaustão, absenteísmo, confusão, conflito e ceticismo. Você também verá uma diminuição no desempenho em todo o grupo, mesmo entre os mais eficazes.

Fadiga de Mudança no Trabalho	
Desengajamento	Pessoas se tornam apáticas e emocionalmente "fora de jogo"
Exaustão	Falta de energia, olhando para o espaço vazio, dormindo no trabalho
Absenteísmo	Saindo mais cedo do trabalho ou trazendo mais atestados de doença
Confusão	Julgamento e tomada de decisão ruins
Conflito	Tensão e conflito entre indivíduos e grupos
Cinismo	Aumento de reclamações, ceticismo e resistência

Sintomas de fadiga de mudança

De acordo com a Dra. Janet Fitzell, a fadiga de mudança ocorre quando as pessoas se sentem oprimidas por mudanças implacáveis e impotentes para impedi-las. Ela diz que isso acontece quando o ambiente de trabalho parece ter "se tornado uma iniciativa de mudança interminável com a equipe gastando uma proporção cada vez maior de seu tempo reagindo à mudança em vez de executar o trabalho".

Em minha atividade como consultora tenho visto muitos exemplos de fadiga de mudança. Uma empresa multinacional estava enfrentando algumas dificuldades financeiras e começou a se reorganizar. Mas eles mal completavam uma reorganização e já começavam a próxima. Uma função foi especialmente afetada com os funcionários sendo transferidos para novas equipes e supervisores a cada dois meses. Conheci vários trabalhadores que tiveram seis ou sete novos gerentes em um ano! Naturalmente não estavam apenas cansados, mas também começando a perder o engajamento, e a empresa via cada vez mais os seus melhores funcionários saindo.

Esse exemplo especificamente mostra a fadiga crônica de mudança. Pegando emprestado da medicina, "crônica" indica um problema contínuo do qual o paciente não melhora. Esses funcionários estavam passando por uma série de iniciativas de mudança contínuas que criaram fadiga crônica de mudança porque não conseguiam sair do ciclo.

Compare isso com a fadiga aguda à mudança, que ocorre repentinamente e é intensa, mas de curta duração. Por exemplo, quando você começa a trabalhar em um novo emprego e tudo no seu ambiente muda; você encontra pessoas novas, conhece seu supervisor e aprende sobre suas funções, responsabilidades e projetos. Começa a se localizar nos prédios e, talvez, até mesmo em um campus inteiro de prédios. Também aprende como pedir suporte técnico, onde encontrar o material de escritório, como usar a copiadora e, talvez, um novo sistema de e-mail ou software. E se você for um executivo também aprenderá sobre a estratégia de negócios, estabelecerá relacionamentos com os outros executivos e membros do conselho e obterá informações sobre todo o funcionamento interno de seu cargo, da organização e do mercado.

Qualquer novo contratado lhe dirá que essas primeiras semanas são exaustivas, física e emocionalmente. Mas, felizmente, as coisas ficam mais fáceis depois de seis a oito semanas e você se recupera da exaustão e começa a se sentir você mesmo novamente.

A fadiga de mudança é real e afeta organizações em todos os setores econômicos ao redor do mundo. Cada vez mais estudos estão sendo feitos sobre fadiga de mudança e seus efeitos no ambiente de trabalho. Por exemplo, em 2015, a Ketchum, Inc. conduziu um estudo com executivos seniores em sete países. Constataram que quase metade (47%) dos líderes seniores achava que a fadiga de mudança era altamente prevalente em sua organização. Tyler Durham, sócio e presidente da Ketchum Change, afirma que mais líderes precisam "reconhecer o efeito desgastante que a mudança contínua e a volatilidade têm sobre os funcionários e como essa exaustão pode diminuir a produtividade da mão de obra, reduzir seu engajamento e prejudicar a taxa de retenção de empregados".

Você pode sobrecarregar completamente uma equipe com a combinação certa de mudanças das zonas amarela, laranja e vermelha lançadas em conjunto sem tempo suficiente de recuperação entre elas. Na verdade, como o famoso provérbio árabe da palha que quebrou as costas do camelo, mesmo uma ou duas mudanças verdes inoportunas também podem causar danos.

O corpo humano não consegue suportar mudanças infindáveis. É cansativo demais e as pessoas começam a fazer escolhas. Elas podem primeiro aceitar a mudança com entusiasmo, trabalhando duro para ter sucesso. Mas, quando mais mudanças acontecem em seu caminho, percebem que não podem aplicar esse esforço todas as vezes. Então começam a se desinteressar. Preocupando-se menos com o emprego e o ambiente de trabalho, não se sentem tão afetados pelas mudanças. Mas, infelizmente, isso significa que também não estão trazendo paixão ou motivação para o trabalho. A Dra. Down-Marie Turner diz que é quando as empresas começam a perder sua vantagem competitiva, porque perdem a produtividade e a inovação que os funcionários engajados trazem.

A outra coisa que acontece é que os funcionários aprendem como "jogar o jogo da mudança" fazendo parecer que participam, mas na verdade gastam o mínimo de energia possível. Jeanie Duck, autora de *O monstro da mudança nas empresas*, os chama de sobreviventes da mudança. Isso ameaça o sucesso da organização porque os líderes têm uma falsa sensação de que a mudança está acontecendo, mas não veem os resultados que deveriam estar gerando.

Assim, para interpretar adequadamente a curva de mudança, tenha em mente que ela não leva em conta a fadiga crônica ou aguda à mudança. Ela pressupõe que cada viagem pela curva se desdobra como todas as outras, mas, quando as pessoas estão física e emocionalmente exaustas, simplesmente não vão responder como funcionários que não estejam fatigados. Como alguém que estuda a biologia do trabalho, descobri que a neurociência joga luz na compreensão da mudança e, mais importante ainda, em como ajudamos melhor as pessoas a passar por isso.

Sua Jornada de Aprendizado

Vamos usar esses conceitos para avaliar suas próprias experiências. Recomendo refletir primeiro sobre uma mudança que você já concluiu e depois olhar para o que mais está por vir. Pense nas seguintes perguntas:

- Como você classificaria a quantidade de disrupção e o tempo de aclimatação? Qual quadrante representa melhor a mudança?
- Qual é a sua motivação para a mudança? Você a queria e a escolheu? Qual figura representa melhor sua motivação (corredor, caminhante, se arrastando ou resistente)?
- A curva de mudança mapeou bem a sua experiência? Como foram os diferentes estágios para você?
- Em que nível estava sua margem de tolerância à mudança no momento em que passava por ela? Você tinha bastante espaço para acomodá-la ou se sentia esgotado?
- Você sentiu alguma fadiga durante essa mudança? Em caso afirmativo, quais sintomas teve?

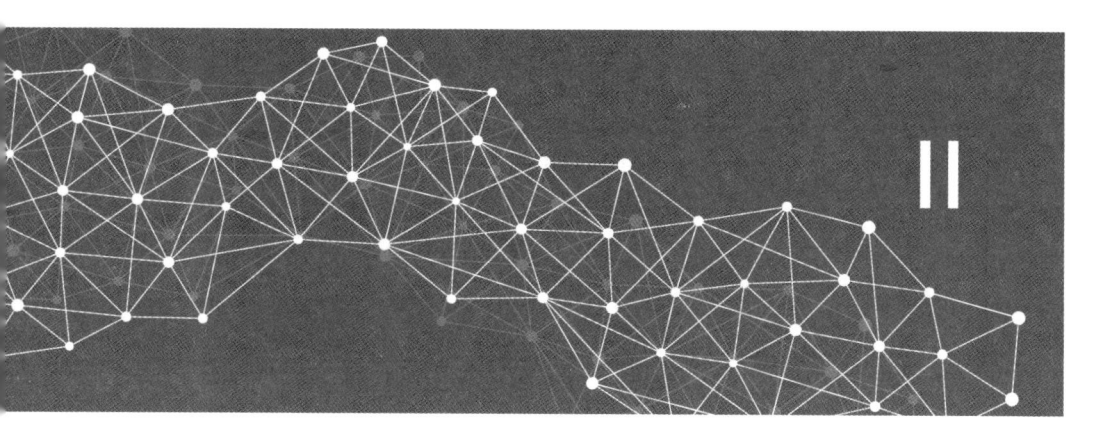

MEDO + FRACASSO + FADIGA: A CIÊNCIA CEREBRAL DA MUDANÇA

"Quando não somos mais capazes de mudar uma situação, somos desafiados a mudar a nós mesmos."

Viktor Frankl,

sobrevivente do holocausto
e autor do livro *Em busca de sentido*

7. O Cérebro na Mudança

Estudar a neurociência da mudança foi uma continuação natural de minha pesquisa sobre a neurociência da aprendizagem (para obter mais informações sobre o assunto, consulte meu livro intitulado *Programados para crescer 2.0: use o poder da neurociência para aprender e dominar qualquer habilidade*). A neurociência é o estudo de como o sistema nervoso central (cérebro e medula espinhal) e o sistema nervoso periférico (todos os outros nervos do corpo) trabalham juntos para moldar nossos pensamentos, emoções e comportamentos.

A tecnologia médica permitiu que pesquisadores de uma ampla variedade de disciplinas como neurologia, biologia e psicologia, para citar algumas, explorassem o funcionamento interno do corpo humano de maneiras nunca vistas antes. De fato, à medida que leio estudo após estudo em várias revistas acadêmicas, parece claro que estamos passando por uma espécie de renascimento e nos conhecendo em um grau inteiramente novo. Levantamos o capô, por assim dizer, e finalmente estamos conseguindo entender como nossos motores funcionam. Prevejo que os próximos anos trarão à tona conhecimentos ainda mais profundos.

Embora não seja uma neurocientista (meu doutorado é em Educação, Liderança e Organizações), sinto-me muito feliz que meus anos como docente e reitora na Universidade da Califórnia tenham me dado oportunidade para decifrar pesquisas empíricas e, mais importante, extrair conexões entre estudos aparentemente sem relação. Parece-me que, por causa de suas profundas especializações, a maioria dos cientistas estão muito isolados. Muitos se concentram em um nicho muito pequeno de pesquisa, muitas vezes estudando uma função cerebral ou até mesmo uma estrutura específica do cérebro. Embora brilhantes em sua especialidade, eles não olham para uma ampla gama de disciplinas e nem aplicam os estudos para resolver os problemas atuais dos ambientes de trabalho.

Como profissional atuante nas áreas de estratégia de aprendizagem e desenvolvimento de liderança, sirvo como tradutora, colhendo as últimas descobertas e criando novos modelos baseados no cérebro. Em minha análise multifuncional e multidisciplinar da literatura, descobri que determinados aspectos do cérebro são vitais para entender como a mudança afeta os funcionários de hoje em dia. Os estudos sobre esses aspectos iluminaram imediatamente algumas das principais lacunas na maneira como entendemos a mudança, o que está diretamente relacionado com o motivo pelo qual tantas iniciativas de mudança estão condenadas.

Em resumo, estamos frequentemente trabalhando contra a biologia humana. Em termos mais simples, os humanos são projetados para fazer três coisas, em ordem ascendente: Sobreviver, Pertencer, Tornar-se (*Survive, Belong, Become*®).

1. **Sobreviver:** vários aspectos de nossos corpos e cérebros são concebidos para detectar o perigo e nos ajudar a sobreviver a uma ampla gama de ameaças para que possamos dar continuidade à espécie.
2. **Pertencer:** também somos programados para construir conexões com outras pessoas em relacionamentos significativos e formar um senso de comunidade. Isso ajuda a nossa sobrevivência e nos permite perceber nossas necessidades básicas de camaradagem, amizade e amor.
3. **Tornar-se:** também somos projetados para nos tornarmos o que temos de melhor – buscar crescer e melhorar para poder realizar nosso máximo potencial. Embora seja uma necessidade profunda, só pode ocorrer quando nossas necessidades de sobrevivência e pertencimento forem atendidas.

Esta é minha versão modificada da famosa Hierarquia de Necessidades do Dr. Abraham Maslow, um modelo de psicologia humana e motivação que resistiu ao teste do tempo. Acho interessante que, embora o sucesso de toda organização dependa dos funcionários fazendo um bom trabalho e crescendo e melhorando com o tempo, as organizações muitas vezes ameaçam involuntariamente nossa necessidade de sobreviver e pertencer.

Muitas vezes, a mudança é onde e quando isso acontece. Conforme você verá, vários aspectos do cérebro se dedicam a nos ajudar a sobreviver, pertencer e nos tornar. E as iniciativas de mudança, quando não conduzidas corretamente, podem funcionar contra nossa biologia e impedir que as pessoas realizem o seu melhor.

Muitas estruturas cerebrais estão relacionadas com mudanças, mas acredito que essas quatro em especial são cruciais para entender: a amígdala, o córtex entorrinal, os gânglios basais e a habênula. Tenho compartilhado os resultados de minha pesquisa com executivos ao redor do mundo e todos viram imediatamente as implicações para suas organizações e seu pessoal. E cada um conseguiu identificar várias questões fundamentais que não estavam sendo abordadas em seus planos de mudança.

Nas seções III e IV mostrarei como transformar esses conhecimentos da neurociência em estratégias eficazes que você pode implementar.

8. Amígdala: Nosso Galinho Chicken Little Interior

Muitos de vocês devem se lembrar da história do Galinho Chicken Little, que, depois de levar uma pancada na cabeça por uma noz caindo de uma árvore, saiu correndo gritando "O céu está caindo! O céu está caindo!".

Esta história realmente demonstra como uma de nossas estruturas cerebrais, a amígdala, funciona. A amígdala é amplamente responsável por nossa sobrevivência. De acordo com o Dr. Anthony Wright, professor de neurobiologia na Escola de Medicina da Universidade do Texas, a amígdala está conectada com todos os principais nervos sensoriais (óptico, facial, olfatório etc.). É projetada para detectar ameaças em nosso ambiente. Quando surge uma possível ameaça, como o cheiro de fumaça de fogo, a visão de um agressor ou o som de um tiro, a amígdala lança a resposta de luta-fuga-congelamento.

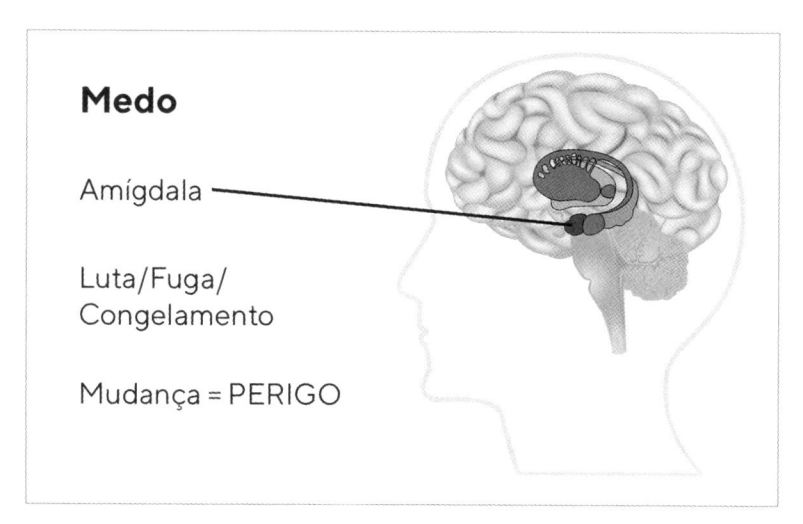

A amígdala e o medo

Em 200 milissegundos nosso corpo é inundado com adrenalina e cortisol, que correm pelo corpo para prepará-lo para sobreviver ao perigo iminente. O aumento do fluxo sanguíneo ajuda os músculos a responderem mais rapidamente enquanto o aumento dos coagulantes no sangue pode nos ajudar a sobreviver a uma lesão. A capacidade pulmonar aumenta, o corpo libera analgésicos naturais e o neocórtex (o cérebro "pensante") desliga, retirando a lógica avançada e a autoconsciência.

Muitos já experimentaram essa reação intensa e poderosa, talvez quando outro carro deu uma freada perto de nós ou quando fomos atacados por um animal ou uma pessoa. O sentimento emocional dessa resposta é primeiramente o medo, muitas vezes seguido pela raiva, de modo que não é nenhuma surpresa vermos essas emoções no início da curva de mudança.

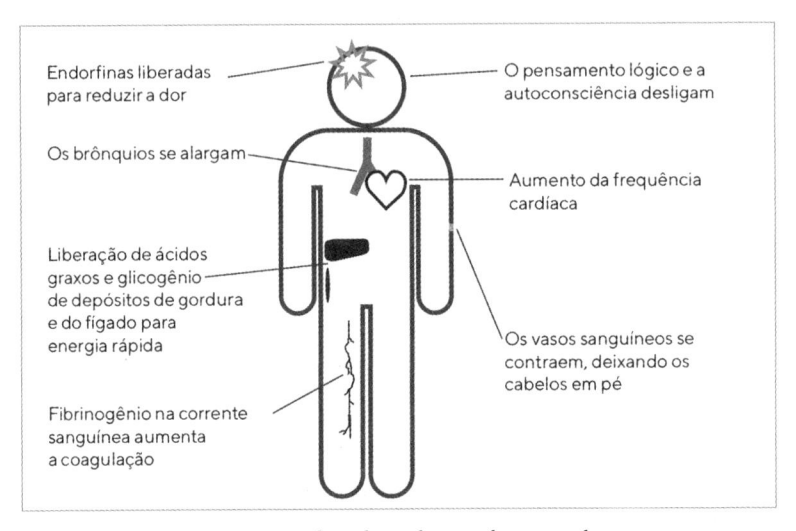

Impacto da adrenalina e do cortisol

É interessante observar que a amígdala está programada para detectar **mudança** – qualquer mudança, mesmo as menores. Isso ocorre porque nossa espécie tinha maior probabilidade de sobreviver se tratássemos o ambiente com cautela e suspeita. Perceber que um arbusto estava diferente hoje era a diferença entre a vida e a morte, pois poderia haver um leão ou um inimigo espreitando por trás. Embora pudesse ser um grupo de coelhinhos fofos, era mais provável que sobrevivêssemos para depois contar a história se assumíssemos o pior.

Do ponto de vista evolutivo, nós que estamos vivos hoje somos descendentes daqueles primeiros humanos que eram mais sensíveis à mudança e mais cautelosos em resposta a ela. Para uma descrição bem-humorada dessa conexão assista ao filme de animação *Os Croods*. Nicolas Cage dubla em inglês o patriarca, cujo lema é "Nunca deixe de ter medo" e, como consequência, sua família sobrevive enquanto todos os vizinhos morrem.

No mundo moderno de hoje, nossos nervos sensoriais estão constantemente inspecionando o ambiente e, quando as coisas acontecem conforme o esperado, nos sentimos calmos. Mas, quando detectamos mudanças, estamos programados para entrar em alerta e assumir o pior até que se prove o contrário.

De fato, nossa necessidade de sobreviver é tão forte que outras pessoas que estão com medo nos influenciam facilmente. Como o medo do Galinho Chicken Little, que convence seus amigos Raspa do Tacho e Pata Feia de que o céu está caindo. Quando perguntam como sabe, ele diz, "Porque pousou em minha cabeça", o que é suficiente para ativar as amígdalas deles também, com cada um contribuindo para a histeria coletiva.

Tenho testemunhado isso em todos os tipos de organizações. Uma ou duas pessoas podem influenciar o resto do grupo, espalhando pontos de vista de "tristeza e melancolia" e aumentando o medo e a angústia de todos. Os líderes costumam ficar frustrados e surpresos com a facilidade com que isso ocorre.

Por isso que é importante avaliar o quanto a mudança pode ser disruptiva e como as pessoas reagirão, considerando seu desejo e escolha da mudança. Se você tem alguns empacados ou resistentes no meio de um grupo que caminha em direção à mudança, talvez não causem muito impacto, a menos que sejam altamente influentes para os demais.

Também é importante ser transparente e compartilhar o máximo de informações possível o mais cedo possível. Os psicólogos sabem há muito tempo que, na ausência de informações, o cérebro preenche os espaços em branco – mas não apenas com qualquer história. De acordo com a psicóloga Dra. Janice Rudestam, o cérebro preenche com o **pior cenário possível**.

É assim que os rumores de cortes no orçamento e demissões podem se espalhar em uma organização. Os funcionários geralmente sentem que algo está acontecendo e começam a preencher os espaços em branco com possibilidades horríveis. De novo, isso é parte de nossa programação biológica – temos maior probabilidade de sobreviver se planejarmos para o pior em vez de esperar pelo melhor. Quando as pessoas ficam ansiosas e começam a se preocupar com coisas que não são realmente um problema, elas não estão sendo difíceis, estão sendo humanas. Mas elas só podem realmente mudar de perspectiva com informações fornecidas por uma pessoa de confiança.

Líderes e gerentes podem lidar com isso gerando uma narrativa clara e consistente sobre o porquê e o como da mudança. Entrarei em maiores detalhes nos próximos capítulos, mas, por ora, entenda apenas que o medo e a ansiedade são uma grande parte de como os humanos reagem às mudanças. É apenas a verdade da nossa biologia.

Como você já deve ter adivinhado, a amígdala é responsável pela primeira metade da curva de mudança. Todas essas emoções negativas aparecem e as pessoas perdem sua análise lógica e autoconsciência, que as ajudariam a fazer escolhas melhores. No entanto, a maioria das pessoas já aprendeu a moderar a intensidade bruta da resposta luta-fuga-congelamento da amígdala. A reação raramente é algo como socar alguém ou fugir. Na verdade, a resposta moderna de luta inclui crítica, desprezo, sarcasmo, provocação e humilhação, além de agressão. E mesmo a agressão pode se restringir a aumentar a voz, bater a mão na mesa ou bater a porta.

Da mesma forma, será mais frequente que a resposta moderna de luta-fuga-congelamento se pareça com pessoas caladas ou retraídas, ou na defensiva, obstruindo, dando desculpas ou culpando os outros. São tentativas de desviar a atenção para os outros.

A História do Galinho Chicken Little

Chicken Little gosta de caminhar na floresta. Gosta de olhar para as árvores. Gosta de cheirar as flores. Gosta de ouvir o canto dos pássaros. Um dia, enquanto caminhava, uma noz cai de uma árvore e o atinge bem no meio de sua pequena cabeça.

"Nossa, que coisa, o céu está caindo! Preciso correr e contar ao leão sobre isso", diz o Galinho e começa a correr. Ele corre e corre. Um pouco depois encontra a galinha.

"Para onde você está indo?", pergunta a galinha.

> "Oh, Henny Penny, o céu está caindo e vou até o leão para contar sobre isso".
>
> "Como você sabe?", pergunta Henny Penny.
>
> "Atingiu-me na cabeça, então eu sei que deve ser isso", diz o Galinho.
>
> "Deixe-me ir com você!", diz Henny Penny. "Corre, corre!"
>
> Então os dois correm e correm até encontrarem Pata Feia.
>
> "O céu está caindo", diz Henny Penny. "Vamos até o leão para contar sobre isso".
>
> "Como você sabe?", pergunta Pata Feia.
>
> "Atingiu o Galinho na cabeça", diz Henny Penny.
>
> "Posso ir com vocês?", pergunta Pata Feia.
>
> "Vem", diz Henny Penny.
>
> Então todos os três correm até encontrar a Raposa Rosa.
>
> "Aonde vocês estão indo?", pergunta Raposa Rosa.
>
> "O céu está caindo e vamos até o leão para contar sobre isso", diz Pata Feia.
>
> "Vocês sabem onde ele mora?", pergunta a raposa.
>
> "Eu não", diz o Galinho.
>
> "Eu não", diz Henny Penny.
>
> "Eu não", diz Pata Feia.
>
> "Eu sei", diz Raposa Rosa. "Venham comigo. Vou mostrar o caminho".
>
> Ele caminha um tempão até chegar ao seu covil.
>
> "Podem entrar", diz Raposa Rosa.
>
> Todos entram, mas nunca, nunca mais saem de novo.

À medida que adotam esses comportamentos questionadores, como críticas e acusações, as pessoas podem afetar umas às outras de modo que a dinâmica da equipe passa a ficar tensa ou prejudicada. Elas se estressam e atuam em um estado de medo que pode facilmente piorar. Não é à toa que os líderes provavelmente vejam uma redução na produtividade e no moral!

Como todas as boas histórias infantis, o Galinho Chicken Little tem uma mensagem. Continuando em sua jornada, o Galinho, Henny Penny e

Pata Feia se deparam com Raposa Rosa, que percebe que estão perturbados e cheios de adrenalina. Sentindo uma oportunidade, a raposa tira proveito do estado emocional deles, oferecendo-se para "ajudar", mas conduzindo-os para sua toca, de onde nunca mais saem.

Como essa fábula descreve com precisão, estados emocionais de muito medo e ansiedade podem nos confundir, levando-nos a fazer escolhas insensatas. Embora seja improvável que nos tornemos o jantar de alguém, perder nossa autoconsciência e análise lógica nos torna propensos a lesões e acidentes, além de produzir um trabalho insatisfatório ou de baixa qualidade.

Parte de liderar a mudança com sucesso é entender e estar preparado para a poderosa resposta ao medo. Quando os líderes e gerentes estão prontos para os efeitos colaterais da amígdala, é muito mais provável que ajudem seu pessoal a percorrer a curva de mudança com eficácia e aumentem a probabilidade de sucesso da iniciativa de mudança.

Em resumo, se a amígdala pudesse falar durante a mudança, ela diria: "Estou surtando!"

9. Córtex Entorrinal: Nosso GPS Pessoal

Ao estudar a ciência do cérebro da mudança, o trabalho vencedor do Prêmio Nobel dos Drs. May-Britt e Edvard Moser se destacou como tendo implicações importantes. Eles dirigem o Centro de Biologia da Memória na Universidade Norueguesa de Ciência e Tecnologia e o Instituto Kavli de Neurociência de Sistemas. Os Moser descobriram que nosso cérebro tem um sistema de posicionamento geográfico interno (GPS) que nos ajuda a navegar pelo espaço físico. Essa pesquisa fascinante mostra que o córtex entorrinal, que fica dentro do hipocampo, é a estrutura do cérebro responsável pelos nossos recursos de GPS. Contém um aglomerado esférico de células que realmente faz mapas de nosso entorno físico e nos ajuda a navegar com sucesso por ele.

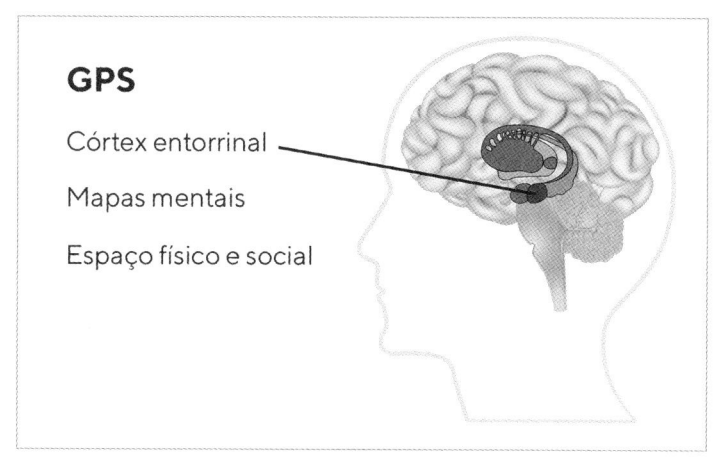

O córtex entorrinal e os mapas

Os Moser conectaram monitores de computador em ratos que mostravam a atividade do córtex entorrinal em uma tela, criando uma representação visual. E o que eles viram foi estonteante: a esfera de células estava organizada em um padrão de grade, com as células ativadas de forma a criar um mapa visual. Em outras palavras, eles podiam ver as células se iluminando, uma a uma, conforme o rato andava, mostrando direção, distância e até velocidade ou ritmo precisos. As células até indicavam um limite quando o rato encontrava uma parede. À medida que o rato se movia, as células literalmente criavam um mapa preciso do espaço – em todas as três dimensões. Se esse mesmo rato fosse colocado em um novo local, o córtex entorrinal construía um novo mapa. E, se o rato retornasse ao local anterior, o mapa existente era "carregado", permitindo que o rato rapidamente localizasse o caminho. Se algo no ambiente tivesse sido mudado, o mapa mental era revisado.

Esse sistema de GPS interno é vital para a sobrevivência de todas as espécies. Isso nos permite encontrar o caminho de volta às fontes de alimento, água e abrigo, e reduz a energia mental e física de ter de descobri-lo toda vez.

Todos nós temos milhares de mapas em nossos cérebros de vários lugares onde vivemos e trabalhamos. Você já visitou um bairro ou escola de sua infância? Ou um antigo local de trabalho? Seu cérebro carrega aquele mapa antigo permitindo que você encontre coisas que não via há anos. E você provavelmente pode ver claramente onde as coisas estão diferentes ("Epa! Aqui era onde costumava ser a sala de reuniões"), evidenciando que o seu córtex entorrinal está atualizando o mapa.

Além de nos ajudar a sobreviver, esses mapas mentais também podem criar um senso de familiaridade e pertencimento, algo que estamos biologicamente programados para buscar. E algumas empresas conseguem aproveitar isso para a lealdade do cliente em longo prazo. Por exemplo, o Waterfall Resort Alaska oferece aventuras de pesca esportiva de alta qualidade todo verão. Fundada há mais de 100 anos, a pousada agora recebe regularmente hóspedes que são os netos dos clientes originais. Essas famílias têm a tradição de voltar ano após ano por causa das boas lembranças, tanto pela localização quanto pela experiência de qualidade que a equipe oferece.

Muitas das grandes cadeias de hotéis e resorts atuais também aproveitam nossos mapas mentais, criando experiências consistentes até no tocante ao layout do quarto, móveis e roupas de cama. Esses executivos sabem que viajar é estressante e muitos clientes preferem chegar a um lugar que lhes pareça familiar. Por ter um mapa mental que se aplica a vários locais, a rede de hotéis poupa a energia física e emocional do viajante.

Curiosamente, a pesquisa dos Moser está lançando luz sobre o motivo dos pacientes de Alzheimer ficarem desorientados. Acontece que esse aglomerado de células da grade se danifica no início da doença, desativando assim os mapas mentais de lugares que eles deveriam conhecer. Mesmo navegando por lugares em que já estiveram centenas de vezes antes, o mapa interno desapareceu e, com ele, o reconhecimento de um lugar como familiar.

GPS e mudança

O que isso significa para a mudança no ambiente de trabalho atual? Muitas mudanças podem afetar os mapas mentais das pessoas de seus locais físicos de trabalho. Podemos mudar a localização da estação de trabalho ou escritório de um funcionário, ou podemos mover determinados serviços ou recursos, como o refeitório ou o local da equipe de suporte técnico. No caso de uma realocação ou aquisição, cada mínimo aspecto do ambiente de trabalho pode ser perturbado e substituído por algo novo e desconhecido. Isso também se aplica a todo funcionário que começa em um novo emprego. Temos de construir mapas mentais completamente novos dos locais de trabalho, incluindo como chegar lá, onde fica nossa mesa, onde se sentam os colegas, além de recursos como banheiros, copiadora, cozinha e café. E, se mudarmos de casa para uma nova vizinhança por causa desse emprego, então devemos também construir novos mapas mentais de supermercados, consultórios médicos, restaurantes etc.

Felizmente, o cérebro pode e vai construir novos mapas mentais. Mas esse processo consome algum tempo e energia à medida que a pessoa navega no novo espaço. Esse é parte do motivo pelo qual sentimos fadiga física e mental quando começamos algo novo ou passamos por uma grande mudança – a parte de nosso cérebro que faz o mapa está tendo um trabalho pesado. Mas não fazemos apenas mapas do espaço físico; também fazemos do espaço social.

GPS social

Os Moser não são os únicos pesquisadores explorando o córtex entorrinal e o hipocampo onde o órgão reside. Pesquisa em Nova York mostra que essas estruturas também se envolvem na criação de mapas sociais de pessoas e relacionamentos. A Dra. Rita Tavares, do Laboratório Schiller de Neurociência Afetiva na Escola de Medicina Icahn em Mount Sinai, afirma: "Além de mapear locais físicos, o hipocampo computa um mapa social mais geral, inclusivo, abstrato e multidimensional."

À medida que entramos em novos espaços sociais, como um local de trabalho ou vizinhança, nosso cérebro busca informações e é realmente capaz de mapear relacionamentos baseados em poder (que inclui hierarquia, domínio, competência), assim como afinidade (confiabilidade, amor, intimidade).

Scanners de neuroimagem funcional (fMRI) mostram que o hipocampo é ativado quando navegamos em novos ambientes sociais, o que prova que a função de mapeamento está ocorrendo.

Tal como acontece com o espaço físico, o espaço social é frequentemente afetado pela mudança no local de trabalho. Um funcionário reavaliará e revisará inconscientemente seus mapas sociais atuais quando recebe um novo gerente ou líder, ou quando seus colegas de trabalho ou membros da equipe mudam. E, se estiverem começando em um novo emprego ou local, terão de construir mapas sociais inteiramente novos de todos na equipe de trabalho e colegas com os quais interagem na organização.

Por isso a experiência de contratação e integração é tão importante. Começamos a construir nossos mapas sociais durante o processo de solicitação de emprego e entrevista e nossos sentimentos sobre as pessoas que encontramos influenciam muito nossas decisões de aceitar empregos. Um gigante da tecnologia no Vale do Silício estava perdendo muitos candidatos excelentes para os concorrentes. Uma análise mais profunda descobriu que muitos dos gerentes contratantes utilizavam uma filosofia de "teste de fogo" durante as entrevistas, enquanto os concorrentes usavam uma abordagem de "bem-vindo à nossa família".

Nossas redes sociais são importantes porque estamos programados para buscar segurança e pertencimento. Durante a mudança, as pessoas temem a perda dessas conexões. Passamos um bom tempo desenvolvendo nossas redes profissionais e sociais, estabelecendo confiança e empatia ao longo do tempo por meio de muitas interações. Muitas iniciativas no ambiente de trabalho apagam os resultados desse esforço, obrigando-nos a recomeçar.

Nossos cérebros são concebidos para tal, de modo que construiremos novos mapas sociais e, no final, estabeleceremos confiança e empatia, mas, de novo, isso consome tempo e energia. Acaba contribuindo para o problema real da fadiga de mudança. E, se um funcionário estiver passando por uma série de mudanças em um curto período de tempo (por exemplo, várias mudanças de sua estação de trabalho), a exaustão e a fadiga podem se tornar crônicas, levando ao desinteresse e ao desgaste.

É vital que os líderes levem em conta as implicações do espaço físico e das redes sociais nas iniciativas de mudança. Quando afetado pela mudança, a frase para o córtex entorrinal seria: "Estou perdido!"

10. Gânglios basais: Nossa Fábrica de Hábitos

Outra estrutura do cérebro envolvida com qualquer mudança que experimentamos são os gânglios basais, responsáveis por pegar os nossos comportamentos frequentes e transformá-los em hábitos. Você vivencia constantemente os benefícios de seus gânglios basais. Ao aprender alguma coisa nova, como usar seu smartphone ou um software, são os gânglios basais que transformam algo desafiador que requer muita concentração em algo fácil no qual você nem precisa pensar.

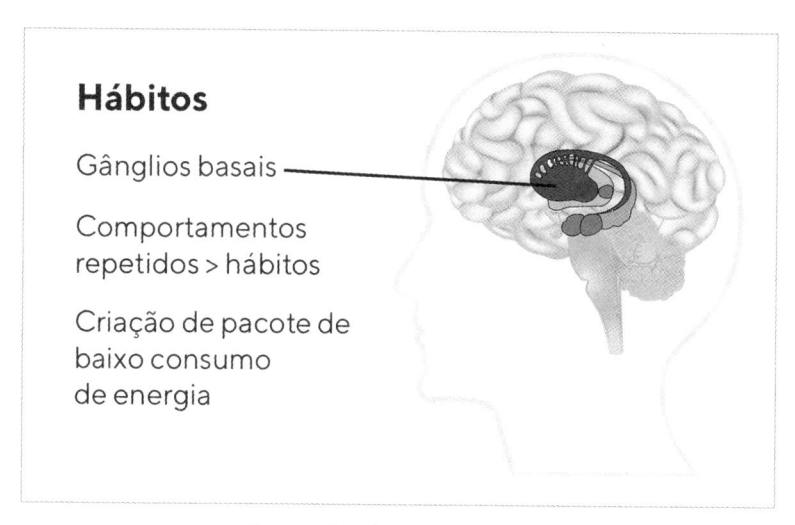

Hábitos

Gânglios basais

Comportamentos repetidos > hábitos

Criação de pacote de baixo consumo de energia

Os gânglios basais e os hábitos

Pense em quando você aprendeu a dirigir ou andar de bicicleta, a cozinhar ou assar, a pagar contas e administrar suas finanças. Todas essas atividades exigiram foco e concentração enquanto as aprendia, mas, depois de uma quantidade suficiente de repetições bem-sucedidas, você provavelmente as realiza no piloto automático.

Em ambientes de trabalho, alguns exemplos de seus hábitos são: como administra o seu tempo, como se comporta em reuniões, como conclui um projeto e como lidera e gerencia outras pessoas.

Pesquisadores do Departamento de Ciências do Cérebro e Cognitivas do Massachusetts Institute of Technology (MIT) descobriram que o objetivo dos gânglios basais é economizar energia do cérebro, algo que os cientistas podem medir pela quantidade de glicose sendo usada no cérebro. Vários estudos mostram que, quanto mais fazemos algo, menos energia cognitiva é consumida – e os gânglios basais são a estrutura que faz isso acontecer.

Pense em como você atualmente faz login no seu computador ou como começa a trabalhar. No início, tinha que pensar para lembrar. À medida que os gânglios basais transformam essa rotina em um hábito, o nosso cérebro é liberado, permitindo-nos gastar energia mental em outras tarefas importantes, como análise lógica e novos aprendizados.

Essencialmente, os gânglios basais transformam comportamentos repetidos em ciclos de hábitos. Um ciclo de hábito tem três partes:

- **Dica:** por exemplo, entrar no seu carro é a deixa, ou gatilho, para iniciar o comportamento de dirigir. Ou entrar na cozinha à noite é a deixa para começar a preparar o jantar.
- **Rotina:** o próprio comportamento. É o ato de dirigir: olhar nos espelhos, girar o volante, pisar no freio; ou picar cebolas, pegar uma frigideira, acender o fogo.
- **Recompensa:** a recompensa que obtemos por completar a rotina. Com o ato de dirigir, é chegar ao destino; e o de cozinhar, é tanto a nutrição quanto o sabor da comida.

Os cientistas descobriram que as recompensas são mais eficazes quando entregues imediatamente após completar uma rotina, como quando dirigimos ou cozinhamos. Elas ficam menos eficazes quanto mais temos de esperar após nos envolvermos em um comportamento. Por isso tantas pessoas têm dificuldades para entrar em forma, comer de maneira saudável ou parar de fumar. As novas recompensas de músculos tonificados, roupas menores ou melhor pressão arterial serão percebidas muito longe no futuro, por meio de mudanças incrementais e muitas vezes invisíveis. Do ponto de vista do cérebro, isso não é muito convincente, sobretudo quando comer de maneira saudável ou malhar pode realmente parecer punitivo no início.

Outro aspecto interessante a respeito de recompensas é que você não precisa usá-las para sempre; somente até que o ciclo do hábito seja formado. Charles Duhigg, em seu livro *O poder do hábito*, compartilha um estudo de um grupo de pessoas que queria se exercitar mais. Divididos em dois grupos, ambos tinham a mesma dica (ao acordar) e rotina (correr). Mas o Grupo A recebia uma recompensa quando voltava, um pequeno pedaço de chocolate. Isso não era para sempre; apenas até o hábito estar bem estabelecido. Mas os resultados foram claros. O Grupo A formou o hábito e os participantes mantiveram esse hábito por muito mais tempo, que os do Grupo B.

Isso me fez pensar em como raramente elogiamos ou recompensamos as pessoas no trabalho. Sem dúvida, você pode receber uma avaliação anual de desempenho, mas é provável que seja uma mistura de elogios e áreas para melhorias. E, embora possa vir com um bônus, fica muito distante da conclusão de uma rotina real para criar uma conexão significativa no cérebro.

Outro fator importante é que os hábitos são construídos por meio de repetição. Conforme executa o comportamento repetidas vezes, você constrói a via neural a ponto de os cientistas conseguirem ver os neurônios ficando mais grossos com o uso. De fato, estudos mostram que são necessárias de 40 a 50 repetições, em média, para criar um novo hábito. É por meio da repetição que os gânglios basais transformam a rotina em uma resposta automática.

Se você precisa de algo mais convincente sobre a importância dos hábitos no trabalho, considere a história de Rick Rescorla, um segurança que trabalhava para o Morgan Stanley no World Trade Center em Nova York. Depois do atentado terrorista no WTC em 1993, Rescorla ficou preocupado com a desorganização da evacuação e com a possibilidade de futuros ataques em função da natureza icônica dos edifícios. Como resultado, passou a insistir para que todos os 2.700 funcionários, incluindo executivos seniores, praticassem regularmente a evacuação de seus escritórios, que ocupavam 22 andares da Torre Sul. Ele pegava um megafone e, apesar das reclamações dos funcionários que queriam se concentrar no trabalho, os fazia praticar para descer as escadas.

Não fez isso apenas uma ou duas vezes. Ele os fazia praticar **a cada três meses**. Então, quando o impensável aconteceu em 11 de setembro de 2001 e o primeiro avião atingiu a Torre Norte, os 2.687 funcionários que estavam trabalhando naquele dia sabiam exatamente o que fazer. Apesar do terror e da confusão, a prática entrou em cena e todos saíram em segurança. Esses sobreviventes creditam a Rescorla o fato de suas vidas terem sido salvas.

Hábitos e mudança

Obviamente, quando iniciamos a mudança, é provável que isso afete os ciclos de hábitos bem desenvolvidos que as pessoas já adotam. Em todos os meus anos de consultoria, não consigo pensar em uma única iniciativa de mudança que não exigisse que as pessoas mudassem seus comportamentos de uma forma profunda. Seja mudando para um sistema de e-mail diferente, seja vendendo, seja fazendo marketing para um novo tipo de cliente, seja criando um produto inovador, a mudança envolve o estabelecimento de novos hábitos e, pior, o abandono de velhos hábitos confortáveis que são fáceis de fazer e têm recompensas previsíveis.

A mudança exige que as pessoas se concentrem até que aprendam o suficiente sobre as novas dicas e as novas rotinas, o que, como vimos, consome tempo e muita energia e pode levar à fadiga de mudança. Além disso, muitas vezes esperamos que as pessoas criem um novo hábito sem oferecer recompensas atraentes para tal. Na verdade, a nova forma geralmente (pelo menos no início) consome mais tempo e energia do que a antiga, o que pode mais parecer uma punição para o cérebro. Será que alguém fica então realmente surpreso pelo fato de tantas iniciativas de mudança fracassarem?

Vejamos um exemplo comum e caro. Muitas empresas têm de fazer mudanças que afetam a equipe de vendas, como mudar o software ou alterar a forma como um produto é comercializado. Como em qualquer equipe, essas mudanças exigem novos hábitos, que consomem tempo e energia para serem desenvolvidos. Quanto mais tempo esses novos hábitos demorarem para se formar, maior a probabilidade de a empresa ver uma queda em seu próprio lucro. Esse tipo de impacto pode afetar todas as equipes – engenharia, RH, marketing –, mas, para as equipes de vendas, a possível punição é ainda pior. Cada minuto de produtividade menor também pode diminuir a remuneração baseada em quotas e metas. Em outras palavras, é provável que recebam menos durante a transição, embora tendo o mesmo trabalho, ou até mais. Caramba – haja punição!

Para todo mundo, as preocupações com salário provavelmente acionam a amígdala porque o dinheiro é fundamental para a nossa sobrevivência nos tempos modernos. Não podemos simplesmente sair e construir um novo abrigo ou caçar/procurar alimentos para o nosso jantar. Nossos salários nos permitem ter acesso a abrigo, comida e água; portanto, afetar a capacidade do funcionário de ganhar dinheiro não é apenas uma punição, é altamente ameaçador à sobrevivência.

Você poderia pensar que as empresas ajudariam as equipes de vendas a fazer a transição o mais rápido possível investindo em treinamento e coaching de qualidade, coisas que permitiriam às pessoas formar novos hábitos e se ajustar às mudanças. Mas a verdade é que isso raramente acontece. Elas podem realizar algum treinamento que forneça informações a respeito da mudança, mas não um treinamento que trabalhe com o cérebro para ajudar na transição e desenvolver rapidamente os hábitos corretos.

Analisaremos que tipos de recompensas são importantes e como criar um treinamento eficaz nos próximos capítulos, mas basta dizer que os gânglios basais desempenham um papel importante na mudança bem-sucedida, e ignorar como funcionam contribui para o pouco sucesso que constatamos nas iniciativas de mudança.

Durante a mudança, os gânglios basais diriam: "Eu não sei o que fazer!"

11. Habênula:
Nosso Centro de Prevenção de Fracassos

Só recentemente a tecnologia de imagem permitiu aos cientistas de fato ver e estudar a habênula, que está localizada bem no centro de nosso cérebro, perto do tálamo. A habênula é responsável pela tomada de decisões e ações. Faz isso criando barreiras químicas que moderam o nosso comportamento.

Nosso cérebro libera dopamina e serotonina naturalmente, as substâncias químicas do "bem-estar", quando fazemos algo certo, o que é parte do sistema de recompensa do cérebro. Você provavelmente sente isso quando realiza uma tarefa ou recebe elogios por um trabalho bem executado. No entanto, quando fazemos uma má escolha que não leva a uma recompensa, a habênula restringe o fluxo dessas substâncias, cortando o gotejamento, por assim dizer, e fazendo com que nos sintamos mal.

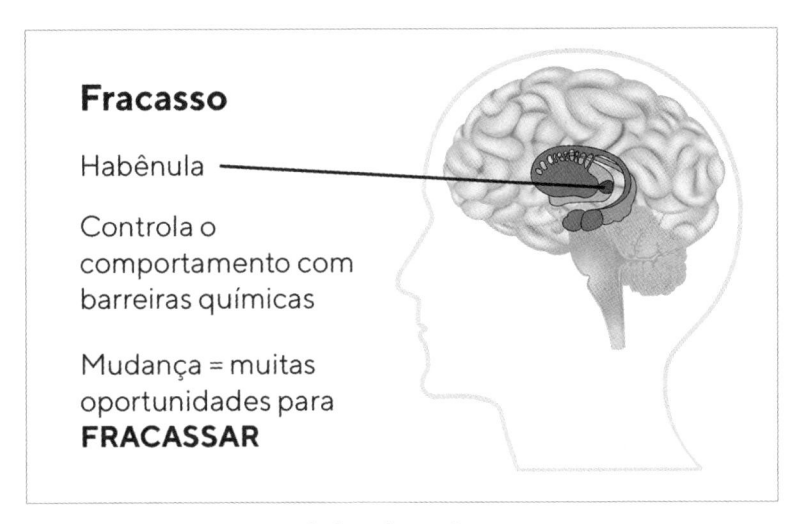

Fracasso

Habênula

Controla o comportamento com barreiras químicas

Mudança = muitas oportunidades para **FRACASSAR**

A habênula e o fracasso

O papel da habênula é muito importante para a sobrevivência de nossa espécie. Em nossos dias de caçadores-coletores, nos ajudava a repetir boas escolhas, como voltar à trilha que levava a uma fonte de alimento (recompensa) e deixando-nos sentir desconforto com a trilha que não tinha comida. É quase como um jogo químico de "quente/frio" ou as rédeas de um cavalo, guiando-nos na direção de boas escolhas.

Em nosso mundo moderno, ainda nos ajuda a repetir comportamentos bem-sucedidos, como voltar a um restaurante onde tivemos uma boa refeição ou executar um projeto de trabalho de forma semelhante a um anterior que deu certo.

Os cientistas também descobriram que a habênula é hiperativa em pessoas com depressão grave, restringindo excessivamente a serotonina e a dopamina e fazendo com que se sintam mal o tempo todo. Além disso, a habênula desempenha um papel crucial na regulação dos padrões de sono, incluindo o movimento rápido dos olhos (REM) e os ritmos circadianos.

Mas a habênula faz mais do que nos ajudar a repetir comportamentos que trazem recompensas. Também nos ajuda a evitar punições. De acordo com o Dr. Okihide Hikosaka, do Laboratório de Pesquisa Sensório-motora dos National Institutes of Health, "Deixar de obter uma recompensa é decepcionante e desanimador, mas ser punido pode ser pior". Estudos mostraram que a habênula também é muito ativa quando nos aproximamos de uma tarefa na qual recebemos uma punição. De fato, inibe não apenas nossa motivação como também os movimentos físicos do corpo. Em outras palavras, não queremos fazer o comportamento, mas também é mais difícil fazer o nosso corpo agir. Pense em fazer algo que já lhe machucou uma vez. Você não consegue ficar animado para fazer, mas, mesmo conseguindo se preparar psicologicamente, seu corpo se recusa a embarcar nessa. Se já se pegou pensando **"Eu simplesmente não consigo me obrigar a fazer isso"**, você provavelmente está preso nesse ciclo.

Todo esse processo pode ser agravado pelo estresse. Quando uma pessoa está sob estresse contínuo e incontrolável, o corpo reage induzindo várias respostas imunológicas, como o aumento de substâncias químicas inflamatórias. O corpo essencialmente trata o estresse como uma ameaça física e reage como faria a uma bactéria ou vírus, como a gripe, incluindo a inibição da motivação e dos movimentos motores. Em outras palavras, você se sente cansado o tempo todo e tem pouca energia ou vontade de fazer as coisas.

Quando estamos fisicamente doentes, essa resposta nos ajuda a melhorar. Sobretudo, nos força a descansar, poupando nossa energia para que o sistema imunológico consiga superar a fonte da doença e nos devolver a saúde. Mas, em situações de estresse contínuo, isso cria depressão e letargia, que podem permanecer indefinidamente.

Quando o estresse e a função natural da habênula para evitar o fracasso se juntam, você pode gerar involuntariamente o "desamparo aprendido", um conceito identificado pela primeira vez pelo psicólogo Dr. Martin Seligman, que viria a fundar o movimento Psicologia Positiva. Ele conduziu experimentos com cães que eram condicionados de forma clássica recebendo um leve choque, uma forma de punição, quando ouviam um sino. Uma vez estabelecido o condicionamento, ele colocava os cães em uma sala onde tinham liberdade para se afastar da fonte de choque. Mas adivinhe o que aconteceu? Eles se deitavam e desistiam.

A pesquisa de Seligman, e muitos estudos posteriores, mostrou que, se tivermos suficientes experiências negativas, ficamos condicionados a esperar o fracasso e simplesmente desistimos e paramos de tentar – e aqui está a parte mais importante – mesmo quando as coisas mudam! Em outras palavras, atingimos um ponto em que simplesmente não conseguimos nos motivar emocional ou fisicamente para tentar mais.

Muitos psicólogos acreditam que o desamparo aprendido está em jogo em todo tipo de situações: pessoas que não conseguem deixar um relacionamento abusivo, alunos que não tentam mais ter sucesso em uma matéria como a matemática, pessoas com problemas de saúde que continuam a fazer as mesmas escolhas prejudiciais. No ambiente do trabalho, o desamparo aprendido pode afetar pessoas e equipes. Se as condições forem ruins o suficiente por muito tempo, a mudança não necessariamente supera o desamparo aprendido. Tenho visto inúmeras situações em que a solução foi implementada, como um líder ruim que é substituído ou mais recursos são fornecidos e as pessoas envolvidas não mudam para um estado mais saudável. Claramente isso pode ser muito confuso para os líderes.

A função da habênula em torno do fracasso também pode ser vista em um processo muito comum no ambiente de trabalho: a avaliação de desempenho. O Dr. Markus Ullsperger e o Dr. Yves von Cramon, do Instituto Max Planck de Ciências Humanas Cognitivas e Cerebrais, utilizaram aparelhos de ressonância magnética para ver a atividade do cérebro enquanto as pessoas recebiam feedback sobre seu desempenho. Quando as pessoas recebiam comentários negativos, uma forma de punição, suas habênulas eram altamente ativadas, criando outra experiência de mal-estar.

Não é à toa que funcionários e gerentes passaram a temer o processo de avaliação anual. O próprio processo que deveria ajudar as pessoas a melhorar o desempenho torna-se cheio de sentimentos negativos. As avaliações de desempenho também são conhecidas por desencadear a resposta de medo das amígdalas. Que ironia!

Fracasso e mudança

Compreensivelmente, a habênula será ativada durante as iniciativas de mudança porque a mudança cria muitas oportunidades de fracasso. Pense em todos os possíveis "fracassos" para os funcionários:

- Perder um marco ou prazo do plano de mudança.
- Interpretar mal as novas dinâmicas sociais de maneira a afetar um relacionamento.
- Ficar cansado e cometer erros em tarefas diárias.
- Ter uma reação emocional que incomoda os outros.
- Não desenvolver os novos hábitos/comportamentos com a rapidez necessária.
- Perda de emprego em função de redundância ou baixo desempenho.

Para os líderes e gerentes a lista inclui os anteriores, bem como estas oportunidades adicionais para o fracasso:

- Conceber uma mudança ineficaz.
- Calcular incorretamente os custos ou benefícios da mudança.
- Conceber um plano de mudança ineficaz.
- Comunicar de forma insuficiente ou incorreta o plano de mudança.
- Calcular incorretamente a tolerância à mudança dos seguidores.
- Lançar muitas mudanças simultaneamente ou em sucessão.
- Não permitir tempo suficiente para que as pessoas percorram o plano de mudança e a curva de mudança.
- Não se preparar para as emoções da curva de mudança.
- Não conceber os comportamentos certos para apoiar a mudança.
- Não fornecer treinamento que desenvolva os hábitos corretos.
- Não oferecer recompensas convincentes para motivar novos hábitos e comportamentos.

A mudança traz oportunidades de fracasso e, quando isso acontece, o cérebro e o corpo se tornam cada vez mais resistentes a aceitar as mudanças futuras. Acho que é provável que muitas dessas emoções negativas iniciais na curva de mudança sejam resquícios de fracassos anteriores.

O fracasso na idade adulta também pode desencadear algumas de nossas lembranças mais dolorosas de fracasso e vergonha da infância. Como a Dra. Brené Brown – uma estudiosa internacionalmente reconhecida sobre os efeitos da vergonha – descreve em seu livro *A coragem de ser imperfeito*: "as experiências infantis de vergonha mudam quem somos, como pensamos a respeito de nós mesmos e nosso senso de autoestima". Com muita frequência as crianças são humilhadas pelos pais e professores quando cometem erros em casa e na escola.

Infelizmente, a vergonha não para quando crescemos. Tenho visto gerentes tentando "motivar" suas equipes humilhando publicamente os funcionários. E colegas de trabalho podem usar a vergonha como técnica defensiva quando sua amígdala é ativada. A pesquisa da Dra. Brown mostra ainda os impactos profundos e negativos da vergonha no local de trabalho e como prejudica a criatividade, inovação, colaboração e produtividade. Se o fracasso for combinado com a vergonha, os sentimentos negativos inibirão completamente tanto a motivação quanto a vontade de tentar novamente.

Acredito que nossa falta de compreensão anterior sobre a habênula contribuiu para a elevada taxa de fracasso das iniciativas de mudança. Durante a mudança, a frase da habênula seria: "Eu não posso fracassar".

12. O Perigoso Coquetel Biológico

Todas essas quatro estruturas cerebrais são individualmente poderosas, mas a mudança cria uma situação em que é provável que todas elas sejam ativadas ao mesmo tempo. O coquetel biológico resultante não é facilmente superado pela pura força de vontade, por uma liderança inspiradora ou por treinamento.

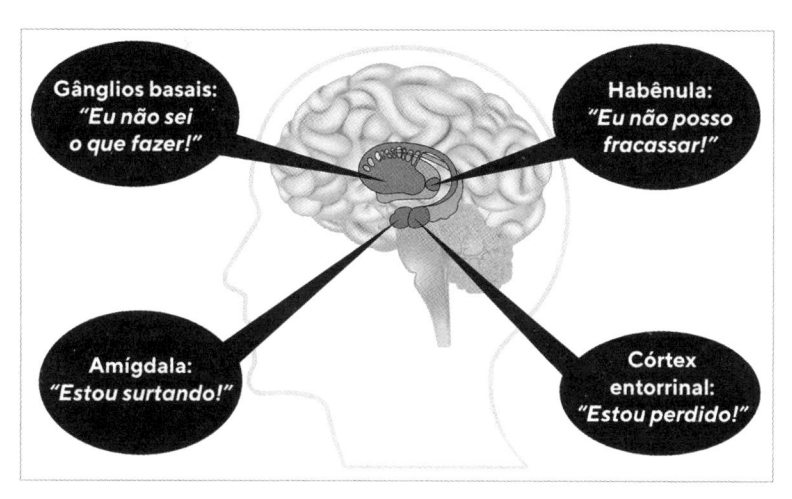

Quatro estruturas cerebrais envolvidas com a mudança

Vamos dar uma olhada em três iniciativas de mudança muito comuns e como o cérebro desempenha seu papel. Estes são resumos de situações reais de organizações bem conhecidas:

Cenário 1: Mil pequenas mudanças

É o segundo trimestre e a equipe de vendas está trabalhando em suas metas de vendas trimestrais normais. Os negócios são fechados como de costume e a equipe vai avançando. No entanto, vários departamentos têm trabalhado de forma independente em mudanças que serão lançadas no segundo trimestre, sendo cada uma delas cuidadosamente concebidas para causar o menor impacto possível nos funcionários.

O departamento de TI está implementando uma conversão para um sistema diferente de e-mail e agenda. Embora implementado no fim de semana, leva várias semanas para as pessoas desenvolverem os hábitos (gânglios basais) do novo sistema.

Enquanto isso, o departamento de Instalações continua sua implantação anual de novos cubículos e o prédio de vendas está programado para ficar pronto no segundo trimestre. Embora as pessoas fiquem no mesmo prédio, a localização e o tamanho de seus cubículos mudarão, assim como a quantidade de espaço de armazenamento que possuem. Embora a mudança ocorra no fim de semana, afetará ainda os hábitos (gânglios basais) e o GPS (córtex entorrinal).

Durante o mesmo trimestre, o Financeiro implementa uma nova política de viagens que afeta o valor das refeições (diminuição) e a forma como os recibos devem ser enviados para reembolso. Vários membros da equipe de vendas viajam para feiras e devem participar de treinamento sobre o novo método. Essa mudança afeta hábitos bem estabelecidos (gânglio basais) e gera oportunidades para o fracasso (habênula).

A equipe de vendas, claro, passa por fadiga e estresse da mudança, pois teme não atingir suas metas de vendas, afetando o rendimento (amígdala, habênula).

Cenário 2: Um punhado de mudanças médias e grandes

Um concorrente ganha terreno em participação de mercado e os executivos estão tentando corrigir a queda na receita. Os líderes das equipes de marketing e vendas foram substituídos, com a expectativa de que a nova liderança ajude a consertar as coisas. Em consequência, muitos funcionários foram designados para novos gerentes. Essa mudança disruptiva causa alguma ansiedade (amígdala), mudanças nas redes sociais (córtex entorrinal), hábitos no fluxo de trabalho (gânglios basais) e desempenho (habênula).

Além disso, a equipe de produto ficou encarregada de redesenhar completamente o produto enquanto era reorganizada em equipes multifuncionais. Isso muda as relações de supervisão (córtex entorrinal) e requer a adoção de novas formas de trabalho (gânglios basais, habênula).

Como esperado, leva tempo para as respectivas equipes se ajustarem a essas mudanças significativas, o que afeta o desempenho geral. Quando chega o processo de avaliação de desempenho, a maioria dos funcionários afetados recebe uma avaliação de "atende às expectativas", que afeta possíveis bônus e aumentos salariais (amígdala e habênula).

Cenário 3: Uma mudança enorme, de alteração de carreira

Uma grande empresa global adquire uma pequena empresa e implementa um plano de transição bem pensado e robusto. Durante o anúncio, os funcionários ficam ao mesmo tempo preocupados e animados (amígdala). No primeiro trimestre, muitos funcionários excedentes são demitidos e os cargos são rebaixados para se equiparar ao do sistema da empresa compradora. As equipes são divididas e absorvidas por diferentes funções na empresa maior, mudando redes de contatos, locais e relações de subordinação (amígdala, córtex entorrinal, gânglios basais).

Durante o segundo trimestre, muitos sistemas e processos mudam para os utilizados pela empresa compradora. O TI troca computadores, software e sistemas telefônicos. O RH migra para diferentes fornecedores de folha de pagamento e de controle de horário. E o Financeiro implementa várias novas políticas e procedimentos para compras, reembolsos e viagens. A maioria dos principais gerentes é substituída por gerentes da empresa compradora, o que muda as relações de subordinação e as expectativas de trabalho (amígdala, córtex entorrinal, gânglios basais, habênula).

No terceiro trimestre a empresa compradora reformula tudo com seu logotipo, valores, missão etc., substituindo canecas de café, papel timbrado e sinalização, e pintando as paredes com as cores aprovadas da marca (gânglios basais, córtex entorrinal).

Ao pensarmos em como todas essas estruturas do cérebro trabalham juntas, é possível começar a ver por que, com o tempo, as pessoas podem ficar menos flexíveis e adaptáveis às mudanças e, pior, mais ansiosas e preocupadas com isso. Nossos cérebros podem começar a associar "mudança" de qualquer tipo com medo, fracasso e fadiga, de modo que se torne um ciclo vicioso que afeta tanto os funcionários quanto os líderes. Você pode implementar a mudança mais bem concebida e eficaz que sua organização já viu, mas seu sucesso depende do que mais está acontecendo ou aconteceu no passado.

Diante de tudo isso, é de fato surpreendente que de 30 a 50% das iniciativas de mudança tenham sucesso, especialmente quando consideramos as evidências reais e convincentes de que nossos cérebros estão programados para resistir à mudança. Mas aqui está a boa notícia: podemos usar a maneira como o cérebro funciona a nosso favor. As mesmas estruturas que criam desafios podem ser aproveitadas para gerar sucesso, como veremos na próxima seção.

Sua Jornada de Aprendizado

Pense em algumas mudanças em sua vida e considere quais aspectos do cérebro provavelmente estavam envolvidos.

1. Amígdala (Medo)

- O que pode causar sentimentos de ansiedade ou preocupação?
- O que, se houver algo, pode ser percebido como ameaçador?
- O que você pode fazer para gerar mais segurança?

2. Córtex entorrinal (GPS: espaço físico e relações sociais)

- Como o espaço físico ou local de trabalho será afetado?
- Quais são os impactos nas relações ou na dinâmica social?
- Como podem ser construídos novos mapas físicos e sociais?

3. Gânglios basais (Hábitos)

- Que novos comportamentos precisam ser desenvolvidos?
- Que treinamento/apoio será fornecido para ajudar a criar novos hábitos?
- Como você pode chegar rapidamente a 40-50 repetições?

4. Habênula (Fracasso)

- Que oportunidades de fracasso existem com essa mudança?
- Quais são as consequências do fracasso?
- Como você pode criar uma experiência que torne o aprendizado positivo?

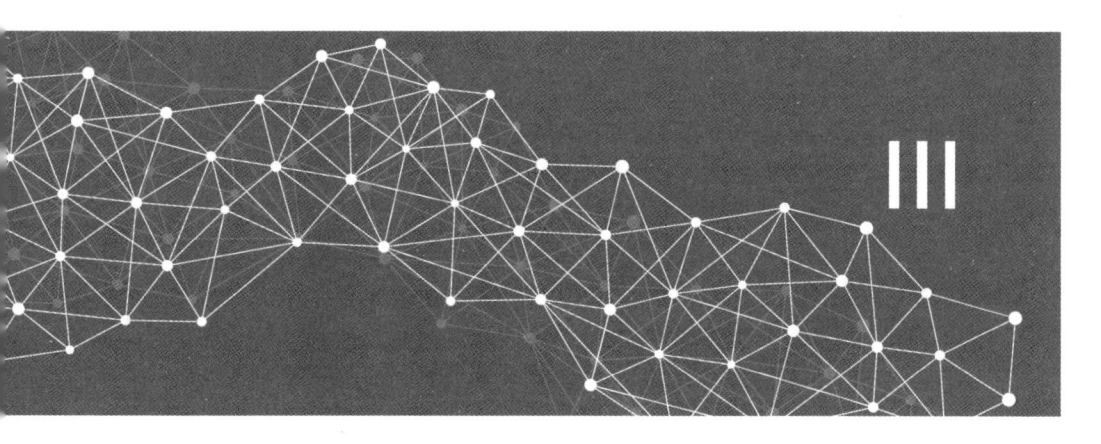

UM NOVO MODELO PARA MUDANÇA + TRANSIÇÃO

"O progresso é impossível sem mudança, e aqueles que não conseguem mudar suas mentes, não conseguem mudar nada."

George Bernard Shaw,
dramaturgo, *Pigmalião*

13. O Modelo de Jornada de Mudança™: Montanhas em Vez de Vales

A partir da minha pesquisa ficou claro para mim que precisávamos de um novo modelo para entender a mudança que incorporasse as várias questões:

- Os quatro fatores: disrupção, aclimatação, desejo e escolha.
- A curva de mudança.
- A margem de tolerância individual.
- A neurociência de como as quatro estruturas do cérebro reagem à mudança (amígdala, córtex entorrinal, gânglios basais, habênula).

Em termos ideais, um modelo abrangente seria tanto de diagnóstico quanto preditivo, ajudando a distinguir entre diferentes tipos de mudanças e também esclarecendo quais habilidades de liderança seriam necessárias para ajudar as pessoas a passar por elas com sucesso.

Construí esse modelo de Jornada de Mudança™ para sintetizar todos os elementos e estudos que revisamos nos capítulos anteriores, de modo a explicar a psicologia e a biologia da transição. Você notará que meu modelo mantém a curva de mudança, mas faz três mudanças principais: em primeiro lugar, virei a curva de cabeça para baixo para que, em vez de parecer uma descida em um vale, mostre a subida de uma montanha, de modo que a figura represente melhor o esforço físico e emocional que ocorre quando passamos por uma mudança pela primeira vez.

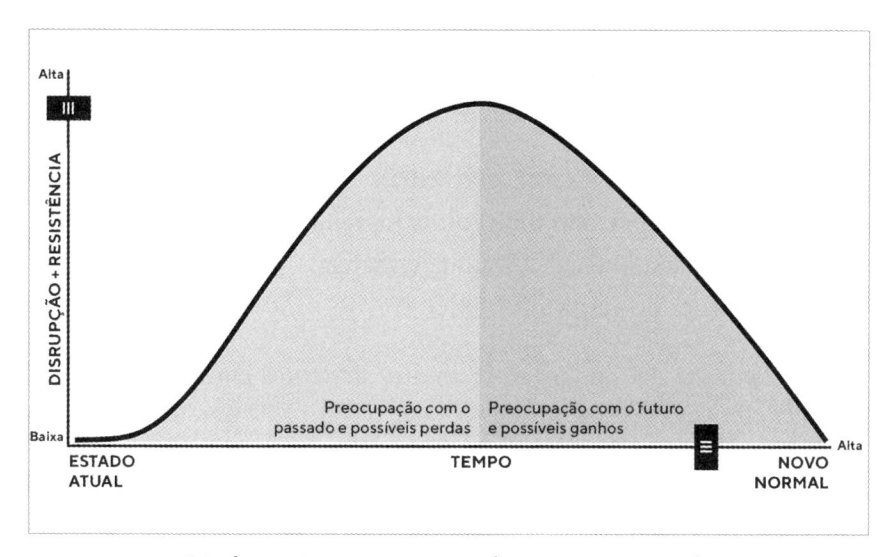

Mudança é como uma jornada em uma montanha

Em segundo lugar, o eixo vertical agora deixou de ser uma medida da produtividade e do moral e passou a ser uma medida de disrupção e resistência, de baixa para alta.

Em terceiro lugar, além de integrar o conhecimento de várias ferramentas diferentes, o modelo de Jornada de Mudança™ é concebido para ser interativo, permitindo que você ajuste os eixos (representados como alavancas móveis) para obter um quadro mais claro de como a mudança será percebida e vivenciada pelos funcionários.

Você agora pode correr a alavanca pelo eixo vertical para indicar o quanto a mudança está prevista para ser disruptiva. Quanto mais disruptiva a mudança, mais resistência você provavelmente terá e mais alta será a montanha, se quiser.

O eixo horizontal do tempo é algo que você também pode ajustar para refletir se uma mudança ocorrerá em um período de tempo curto (dias a semanas), médio (semanas a meses) ou longo (meses a anos).

Ajustando as alavancas, por assim dizer, você pode fazer um gráfico com maior precisão dos elementos de disrupção e aclimatação que conduzem grande parte do processo de transição emocional.

Agora você pode ver que as pessoas geralmente passam por quatro tipos distintos de mudança que mapeiam as zonas vermelha, laranja, amarela e verde que discutimos no Capítulo 3:

- A subida longa e intensa (vermelha).
- A escalada rápida em uma colina íngreme (laranja).
- A caminhada longa e constante (amarela).
- Uma pedra no caminho (verde).

Essas jornadas de mudança são muito diferentes entre si, provocando diferentes emoções e reações. Ao contrário da curva de mudança, o modelo Jornada de Mudança™ mostra variações nas respostas emocionais para cada uma das principais jornadas de mudança.

Finalmente, esse modelo também permite estimar o desejo e a escolha do funcionário, novamente permitindo até quatro opções que representam sua motivação. E você também pode levar em consideração a margem de tolerância e a fadiga. Os funcionários são viajantes que os líderes auxiliam durante a jornada.

Nesta seção analisaremos mais de perto cada elemento e como você pode utilizá-lo para melhor prever e liderar a mudança.

1. A subida longa e intensa

Esta é a mais difícil das jornadas e a que mais se aproxima da curva de mudança original em termos de emoções dos funcionários. Representa a mudança da "zona vermelha" com elevada disrupção e elevado tempo de aclimatação.

Por ser altamente disruptiva, esta mudança gerará mais resistência, de modo que você verá toda a gama de emoções desafiadoras, além do foco inicial no passado e nas possíveis perdas. No auge você tem a resignação, que ainda implica pessoas desistindo, aderindo ou líderes cancelando. Se mantivermos nossa metáfora de montanha, os funcionários descerão do topo da montanha de helicóptero ou gôndola.

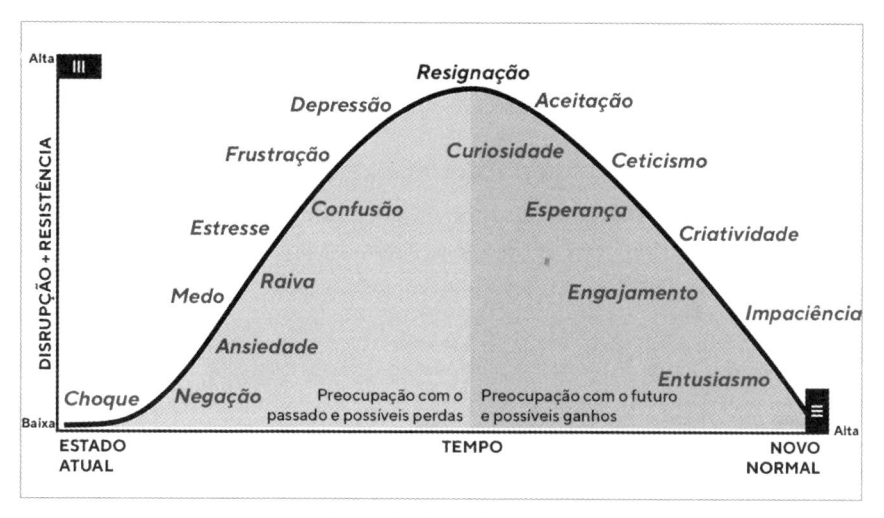

A jornada de "subida longa e intensa"

Quando as pessoas fazem a transição de olhar para o futuro e os possíveis ganhos, as emoções ficam mais positivas e a descida contribui para mais impulso e menos esforço.

2. A escalada rápida em uma colina íngreme

Este tipo de mudança ainda tem grande quantidade de disrupção, mas acaba mais rápido. Exige uma explosão de esforço e foco, gerando assim mais resistência, especialmente se os funcionários já estiverem ocupados.

A velocidade em si da jornada significa que você passa por uma onda de intensas emoções, incluindo ressentimento, sobrecarga e aborrecimento. Mas a velocidade também significa que você chega mais rápido ao pico da resignação e aceitação.

Do outro lado do pico, os funcionários provavelmente ainda se sentem sobrecarregados e sentem alívio no final.

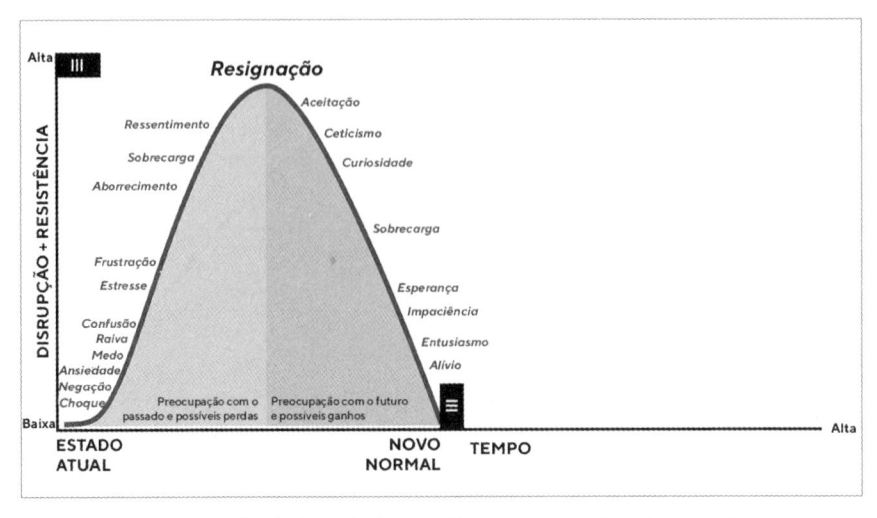

A jornada de "escalada rápida em uma colina íngreme"

3. A caminhada longa e constante

Este tipo de mudança não gera muita disrupção, mas se desdobra por um longo período de tempo, exigindo assim resistência. Como a disrupção é baixa, os funcionários provavelmente passam por muito menos emoções negativas, com o pior sendo mais a duração da jornada. Devido à quantidade de tempo, os funcionários provavelmente ainda se concentram primeiro no passado e nas perdas, mas acabarão se voltando para o futuro.

Observe que o tédio é uma emoção nova nesse modelo e precisará ser tratado, pois as pessoas podem se cansar do longo período de tempo. No final desta jornada, os funcionários provavelmente se sentirão impacientes e aliviados.

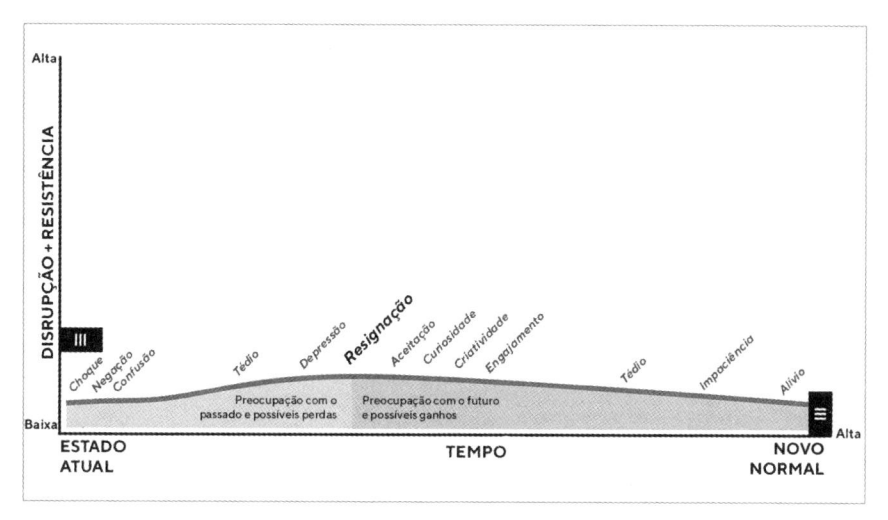

A jornada de "caminhada longa e constante"

4. Uma pedra no caminho

Por não gerar disrupção e acabar muito rapidamente, uma pedra no caminho não cria nenhum aspecto emocional a ser tratado, e nem o foco nas perdas passadas ou ganhos futuros entra em jogo. Isso é quase um não evento e praticamente invisível no grande esquema dos acontecimentos, a menos que seja acrescentado a outras mudanças difíceis.

Ao fazer esse modelo Jornada de Mudança™ ajustável com base na disrupção e no tempo de aclimatação, podemos agora distinguir entre diferentes tipos de mudanças e você consegue obter um quadro mais claro de como será a jornada de mudança. Isso pode fornecer uma orientação valiosa sobre as habilidades que os líderes e gerentes precisarão ter para conduzir as pessoas nessa jornada de mudança.

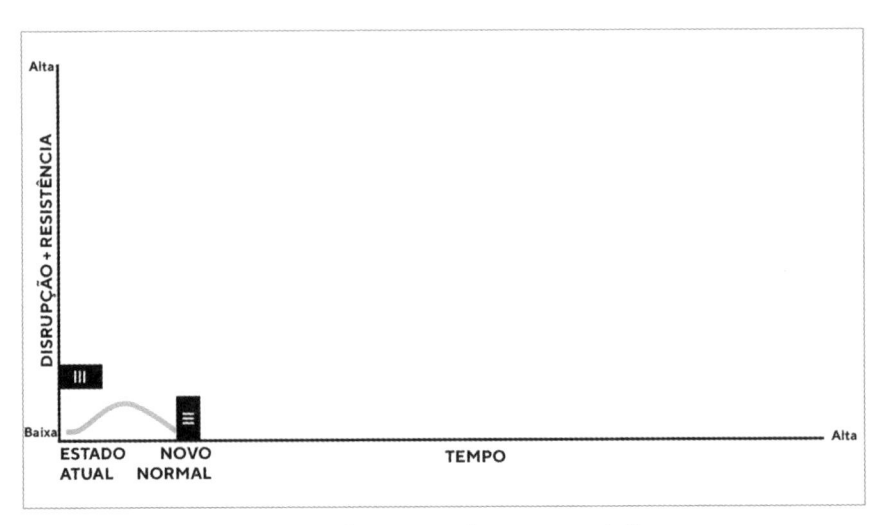

A jornada "uma pedra no caminho"

Esse modelo é na verdade uma ferramenta interativa que você pode usar para avaliar e prever mudanças. Para ver o modelo em ação assista ao vídeo na seguinte página da internet: https://www.brittandreatta.com/books/programado-para-resistir/.

14. Os Participantes da Jornada de Mudança™

O modelo de Jornada de Mudança™ nos permite distinguir os papéis e experiências de todas as pessoas envolvidas em uma iniciativa de mudança. Podemos ver os funcionários como viajantes que devem passar pela mudança, enquanto outros participantes concebem e lideram o processo.

Funcionários: os viajantes

Os funcionários desempenham um papel vital na forma como cada iniciativa de mudança se desenrola. Eles são os viajantes em cada tipo de jornada de mudança, não importando sua forma, e, em última análise, têm de implementar e viver as mudanças.

Conforme discutimos no Capítulo 3, a escolha e o desejo têm um impacto importante na motivação do funcionário. Podemos quase ver isso como uma disposição para se envolver em um esforço exigido e também a capacidade deles para gerar e manter o ímpeto para a frente.

Se os funcionários desejam e escolhem a mudança, você terá um grupo de pessoas animadas e dispostas a seguir na jornada de mudança. Estarão preparados para o esforço necessário e podem até mesmo correr em direção à mudança com entusiasmo. Isso não significa que a mudança será menos disruptiva ou que ocorrerá mais rapidamente, mas a motivação e o ímpeto serão espontâneos e positivos. Compare isso com um grupo que não quer a mudança e nem a escolheu. Eles terão baixa motivação e ímpeto e provavelmente resistirão à mudança e talvez até mesmo fincarão o pé no chão.

O gerenciamento desses dois grupos exige habilidades e estratégias muito diferentes. O modelo Jornada de Mudança permite que você avalie a motivação do funcionário e a transmita pelo uso de quatro ícones de pessoas:

- **Corredor:** deseja e escolhe a mudança (celebra a vitória).
- **Caminhante:** deseja a mudança, mas não a escolheu (aproveita a oportunidade).
- **Arrastando-se:** não deseja a mudança, mas a escolheu (tolera/aceita a situação).
- **Resistente:** não deseja nem escolhe a mudança (finca o pé no chão).

Avaliar a motivação e o ímpeto do funcionário é crucial, pois determina como os líderes devem orientar toda a implementação, começando na forma de comunicar inicialmente a jornada de mudança a seus funcionários. A avaliação deve olhar para o grupo que precisa passar pela jornada e estimar qual dos quatro tipos eles serão. Talvez sejam 100% do mesmo tipo, como o caminhante que "aproveita a oportunidade". Ou você pode ter um grupo misto em que 50% são do tipo que se arrasta e "tolera/aceita a situação" e 50% são resistentes e fincarão os pés no chão.

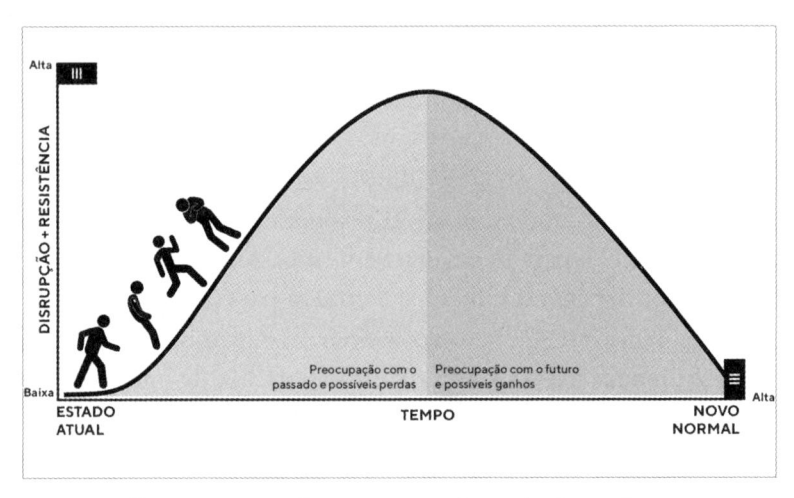

Os quatro tipos de viajantes na jornada de mudança

O modelo Jornada de Mudança™ lhe ajuda a ver como você precisa envolver todo o grupo, permitindo antecipar melhor uma gama de reações, atitudes e interações entre equipes.

Papéis dos líderes: planejadores da expedição, desbravadores e guias

Em cada iniciativa de mudança um grupo relativamente pequeno de pessoas está envolvido na concepção e implementação. O meu modelo articula cada um desses papéis fundamentais para que as pessoas possam ver como elas se interceptam. Ao buscar uma metáfora apropriada, percebi que minha própria experiência no California AIDS Ride, combinada com a escalada do Monte Everest pela minha amiga, me deu o que eu precisava para ilustrar claramente as diferenças.

Os que concebem a expedição identificam que a mudança é necessária e começam a criá-la. Por exemplo, as pessoas que conceberam o California AIDS Ride ou a escalada do Monte Everest são os planejadores da expedição e muitas vezes estão envolvidos nos estágios iniciais do desenvolvimento da ideia.

No trabalho, os planejadores da expedição costumam ser os executivos e líderes seniores que determinam a estratégia para o futuro da organização. Mas os planejadores também podem ser gerentes de nível médio e funcionários, já que às vezes as ideias e planos de mudança vêm da linha de frente ou intermediária da organização.

Os planejadores da expedição também podem ser as pessoas que desenvolvem o plano de mudança. Eles identificam os pontos de partida e de chegada, traçam a rota e analisam todos os detalhes. Na maioria das organizações, os planejadores são um grupo de pessoas que coletivamente imagina todo o processo. Podem trabalhar juntos em um esforço coordenado por meio de um comitê ou força-tarefa, ou podem dividir o trabalho uns com os outros na medida em que avançam. Obviamente, os planejadores fazem a maior parte do seu trabalho antes que os viajantes tenham conhecimento da mudança. Na verdade, quando uma jornada de mudança é iniciada, esse grupo já está concebendo as próximas iniciativas de mudança.

Depois há os desbravadores, que traçam a jornada para o sucesso. Os desbravadores são cruciais para a execução da jornada porque são responsáveis por colocar tudo no lugar para permitir que os viajantes concluam a jornada com sucesso. Por exemplo, no Monte Everest, os desbravadores são os sherpas e cada expedição tem seu próprio grupo exclusivo de sherpas. Eles iniciam o trabalho antes da chegada dos viajantes, subindo a montanha várias vezes para colocar as cordas-guia e escadas, carregando suprimentos vitais, como tanques de oxigênio e alimentos, e estabelecendo os acampamentos e paradas onde os viajantes descansarão.

O mesmo sistema se aplica, por exemplo, a eventos de ciclismo, como o California AIDS Ride ou o Tour de France. Os desbravadores trabalham vários meses antes dos eventos acontecerem, organizando tudo. Quando o passeio começa eles estão vários dias a frente dos participantes, estabelecendo rotas, placas de sinalização, acampamentos, caminhões para tomar banho, tendas médicas etc. Os desbravadores também seguem atrás dos viajantes, levando as coisas de volta para baixo.

Nas organizações, os desbravadores assumem muitas formas e frequentemente envolvem serviços administrativos importantes. Por exemplo, o TI pode precisar fazer muito trabalho de preparação para ter as coisas em ordem para que a iniciativa de mudança ocorra sem problemas. Finanças pode trabalhar com fornecedores aprovando compras e alocando recursos fundamentais. O departamento de Aprendizagem & Desenvolvimento pode conceber o treinamento e o setor de Instalações, preparando os espaços de trabalho.

Por último, você tem os guias, as pessoas responsáveis por conduzir um grupo específico de viajantes em uma jornada de mudança. Seja uma subida longa e intensa, seja uma escalada rápida em uma colina íngreme, seja uma caminhada lenta e constante, os guias desempenham um papel fundamental para garantir que seu grupo conclua com sucesso a jornada de mudança. Os guias acompanham seus viajantes, cuidando de um grupo específico de pessoas. Cada guia tem uma experiência única porque seu grupo específico de viajantes tem suas próprias habilidades, competências e motivações. Bons guias cuidam das necessidades de seu pessoal e fornecem o que eles precisam.

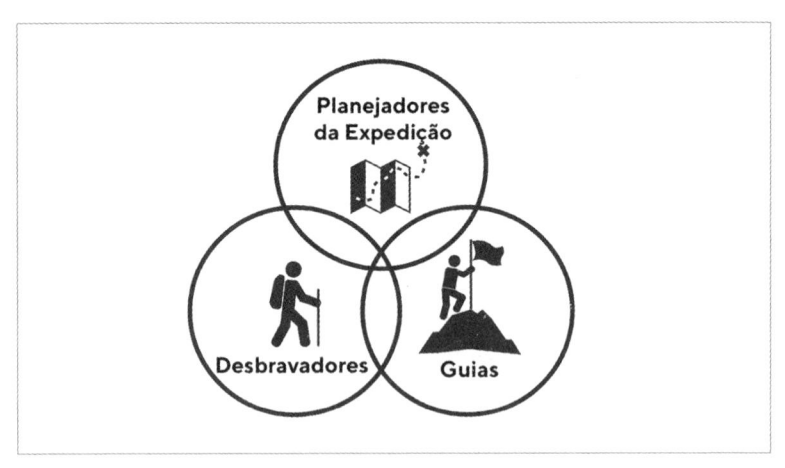

Os três tipos de líderes para jornadas de mudança

Intencionalmente, chamei essa função de "guia" em vez de "líder", porque às vezes os guias estão à frente, mas com mais frequência estão juntos ou até mesmo atrás do grupo, fornecendo o tipo certo de apoio no momento certo.

Na maioria das organizações, os guias são os líderes ou gerentes responsáveis por conduzir sua equipe ou seus subordinados diretos pela jornada de mudança. Os guias e desbravadores costumam trabalhar em conjunto ou lado a lado, e as pessoas nos serviços administrativos podem desempenhar as duas funções. Por exemplo, um diretor de TI ou RH pode ser um desbravador para toda a organização e um guia para sua equipe específica de subordinados diretos. Isso é difícil de fazer e requer muito foco e esforço, razão pela qual algumas equipes podem sentir mais fadiga de mudança do que outras, pois ao mesmo tempo apoiam as mudanças e passam por elas.

O sucesso de todas as jornadas de mudança reflete diretamente o quão bem as pessoas nessas funções executam seus trabalhos individuais e o quão bem elas se comunicam e colaboram umas com as outras. Imagine o que aconteceria se os planejadores, desbravadores e guias do Tour de France não conversassem entre si ou não estivessem de acordo sobre a rota e seus principais elementos. E se uma dessas pessoas fundamentais cometesse um erro e as estações de água ficassem muito distantes entre si? Ou os carros não fossem bloqueados e invadissem a rota? Seria um pandemônio e os ciclistas provavelmente fracassariam. Pior, você poderia ter feridos e até mortes.

Muitos desses mesmos problemas ocorreram durante expedições no Monte Everest ao longo dos anos. Talvez o mais notável ocorreu em 1996, quando 16 pessoas morreram na tentativa. A história foi contada em documentários e livros, em especial *No ar rarefeito,* de Jon Krakauer, e *A escalada,* de Anatoli Boukreev.

Embora a maioria das jornadas de mudança organizacional não seja fatal, o caos que ocorre de mudanças mal planejadas ou de líderes mal preparados custa bilhões de dólares, prejudica o engajamento dos funcionários e pode colocar em risco a lealdade do cliente. E algumas iniciativas de mudança, como as da área de saúde ou no setor industrial, podem efetivamente representar uma ameaça à vida e à integridade física.

Felizmente, com o discernimento e a preparação certos, as jornadas de mudança podem ser bem-sucedidas. Considere o ótimo exemplo da T-Mobile. Os executivos (planejadores da expedição) queriam se tornar conhecidos por seu serviço ao cliente e começaram a criar uma mudança intencional de cultura que difundisse os valores e hábitos certos entre os funcionários. Eles planejaram medir o sucesso pelo número de prêmios JD Power Awards que ganhassem. Os líderes prepararam uma narrativa clara e consistente com dois objetivos transparentes de aumentar a satisfação do cliente e a receita.

Uma equipe de desbravadores em toda a organização serviria de apoio à iniciativa. O RH coordenou a gestão de desempenho, esperando que cada funcionário tivesse pelo menos um objetivo trimestral focado no cliente.

Os líderes criaram a responsabilização (*accountability*) esperando que cada diretor passasse duas semanas por ano em um *call center* e mais duas semanas em um centro de varejo. E isso foi executado de forma consistente.

Para criar uma cultura de reconhecimento, o marketing imprimiu fichas de pôquer que diziam "#1" de um lado e "O Cliente é o Motivo" do outro. Tigelas de fichas eram visíveis em todos os escritórios e as pessoas davam umas às outras para reconhecer o esforço e o aprimoramento.

T&D concebeu e implementou uma ampla capacitação para guias e viajantes que realçava os valores fundamentais e os comportamentos que apoiariam o sucesso. Todo ano as pessoas podiam indicar funcionários que exemplificassem os valores para o "prêmio PEAK". Os executivos selecionavam 150 vencedores anuais que ganhavam uma viagem com todas as despesas pagas para o Havaí, onde celebrariam juntos.

Dado este plano bem pensado e executado, não chega a ser uma surpresa saber que a T-Mobile não apenas atingiu suas metas, como as superou.

Na próxima seção vamos tratar de dicas e estratégias adicionais para líderes e viajantes.

15. Caminhando por Várias Jornadas

Como você sabe, as mudanças modernas são constantes e em ritmo acelerado, e na verdade isso significa que as pessoas muitas vezes passam por várias jornadas de mudança simultaneamente. Podemos usar o modelo de Jornada de Mudança para também mapear como seria isso: com o tempo, no eixo horizontal, talvez dividido em trimestres, você pode mapear as mudanças de sua equipe. Isso permite identificar possíveis áreas problemáticas.

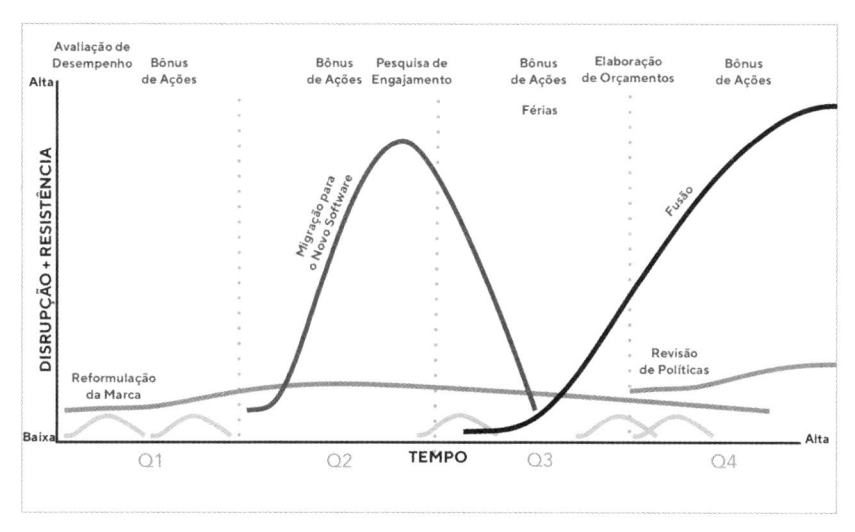

Múltiplas jornadas de uma equipe ao longo de um ano

No exemplo anterior, o início do terceiro trimestre será um período intenso para a equipe. Eles estarão no topo de uma escalada rápida em uma colina íngreme, na metade do percurso de uma caminhada longa e constante, evitando uma pedra no caminho, que pode não parecer tão pequena nesse ponto, e iniciando uma subida longa e intensa. E apenas algumas semanas depois acrescentarão mais duas pedras no caminho e outra caminhada longa e constante, exatamente quando a resistência está crescendo para a subida longa e intensa. Essa é uma informação importante a ser analisada pelos líderes e gerentes da equipe. Agora podem prever quando o grupo poderá se sentir sobrecarregado e provavelmente mostrar sinais de estresse. Também podem ver quando a liderança e orientação serão mais necessárias. Sem dúvida não deveriam estar planejando as férias para agosto!

Recomendo que os líderes também incluam elementos relacionados com o ritmo de seus negócios, como avaliações e períodos de pico de produção. Isso pode acrescentar informações adicionais que podem fazê-los repensar o timing de determinadas iniciativas de mudança ou perceber que precisarão trazer mais recursos, como pessoal ou apoio administrativo.

Por exemplo, se normalmente lançam sua principal campanha de novos produtos em janeiro, os líderes podem antecipar que o trabalho pesado dessa atividade ocorrerá quando a equipe estiver realizando uma subida longa e intensa e duas caminhadas longas e constantes. Se a equipe estiver passando por fadiga de mudança, além de alta disrupção e resistência, o quanto você pode esperar que sejam criativos? Pode ser ou não um problema, mas agora é possível ser sinalizado e resolvido.

O modelo também pode ser usado para lhe dar uma visão de toda a organização. Vendo os vários tipos de mudanças implementadas para cada função, você pode identificar as possíveis dificuldades e onde as relações interdepartamentais ou a colaboração podem ser afetadas.

Mapeamento de mudanças em toda a organização

Também pode lhe dar uma ideia da margem de tolerância. No exemplo anterior, a margem de tolerância da equipe de produto será testada várias vezes durante o ano. É provável que janeiro e fevereiro, além de abril a agosto, sejam mais intensos para a equipe. Enquanto a equipe de marketing será pressionada de julho a novembro se as mudanças permanecerem onde foram previstas.

Quando as equipes estiverem no máximo de sua margem de tolerância, você provavelmente verá emoções mais reativas, que podem gerar problemas de comunicação e conflitos. Se essas duas equipes precisarem trabalhar juntas em julho ou agosto, os líderes de ambas precisarão fornecer muito apoio e orientação ou, melhor ainda, deslocar algumas dessas pressões com antecedência para criar um melhor equilíbrio.

Controle de tráfego de mudança

Esse exercício de mapeamento geralmente traz à tona algo realmente importante. Na maioria das vezes, os líderes ficam surpresos ao ver quanta mudança acontece ao mesmo tempo. Isso vale principalmente para organizações maiores em que há vários departamentos implementando mudanças.

É muito comum que o Departamento de Instalações implemente mudanças no planejamento do espaço que afetam o local de trabalho das pessoas. Isso pode incluir mudança para um novo local, reforma para retirada de divisórias na área de trabalho ou mesmo alteração da iluminação e da altura da mesa.

Separadamente, o RH conduz mudanças para desenvolvimento de talentos, talvez revisando o processo de avaliação de desempenho ou redesenhando o organograma de forma a mudar a quem as pessoas se reportam. O TI pode atualizar uma nova plataforma de dados que todos usam para controlar horários e férias ou mudar para um sistema diferente de ferramentas de produtividade para compartilhamento de arquivos. Finanças pode mudar para um novo sistema de pedido de compras ou processo de aprovação de fornecedores; pode adicionar ou retirar vantagens e benefícios ou instituir novos processos e procedimentos. Marketing pode ter como alvo um novo cliente, com implicações para a operação global, idiomas e moedas. A lista não acaba.

A questão é que, embora essas mudanças tenham sido concebidas para ajudar os negócios, o timing ruim pode gerar um efeito cascata de problemas que prejudica as próprias metas que a empresa esteja tentando alcançar, ou o problema que esteja tentando resolver. Todos nós vivenciamos exemplos de boas mudanças que deram errado. Um treinamento importante é agendado quando a equipe de vendas está em seu esforço de final de ano ou o TI muda o software uma semana antes do lançamento de um produto importante para os clientes.

É por isso que recomendo que sua organização indique uma pessoa para atuar como controlador de tráfego aéreo de mudança, de forma muito parecida com a função nos aeroportos, que evita que os aviões colidam uns com os outros. Se alguém for responsável por rastrear as mudanças e por considerar possíveis dificuldades e consequências involuntárias, é mais provável que você impeça um desastre desnecessário. Essa pessoa também deve aproveitar todas as análises de dados disponíveis. Por exemplo, você já tem um processo para acrescentar uma nova relação de subordinação. E se esse processo pudesse sinalizar quando uma pessoa ou equipe teve duas mudanças de gerente em um curto período de tempo? Você já tem um método para rastrear onde as pessoas trabalham e poderia sinalizar mudanças excessivas de local de trabalho. Você entendeu a ideia.

Quando alguém rastreia e mapeia, fica fácil identificar pequenas alterações que podem fazer toda a diferença. Às vezes, misturar duas mudanças pode ser uma ótima solução. Às vezes, atrasar ou adiar uma mudança por algumas semanas pode ter um efeito profundo em seu sucesso.

Não é diferente de rastrear o clima e criar um sistema de alerta prévio. O controlador de tráfego de mudança pode rapidamente se tornar uma função vital em todas as organizações, pois ele ou ela pode ajudar a identificar possíveis dificuldades – e ajudar a garantir que os funcionários e os líderes estejam preparados para o que está por vir.

Sua Jornada de Aprendizado

Reserve alguns minutos para aplicar estes conceitos às mudanças que ocorrerão para você nos próximos 12 meses.

- Mapeie-as em uma linha do tempo. Que tipo de jornada de mudança representa melhor cada uma das mudanças pelas quais você passará? É uma pedra no caminho, uma caminhada longa e constante, uma escalada rápida em uma colina ou uma subida longa e intensa?
- Em seguida, considere sua motivação para cada uma das jornadas de mudança e coloque em cada uma a figura que melhor representa seu desejo e escolha. Você está correndo ou caminhando em direção a ela, se arrastando ou resistindo a ela?
- Finalmente, identifique quem são os participantes de cada jornada. Quem planejou cada expedição? Quais pessoas estão atuando como desbravadoras? Quem será seu guia? E quem são seus companheiros de viagem?

IV

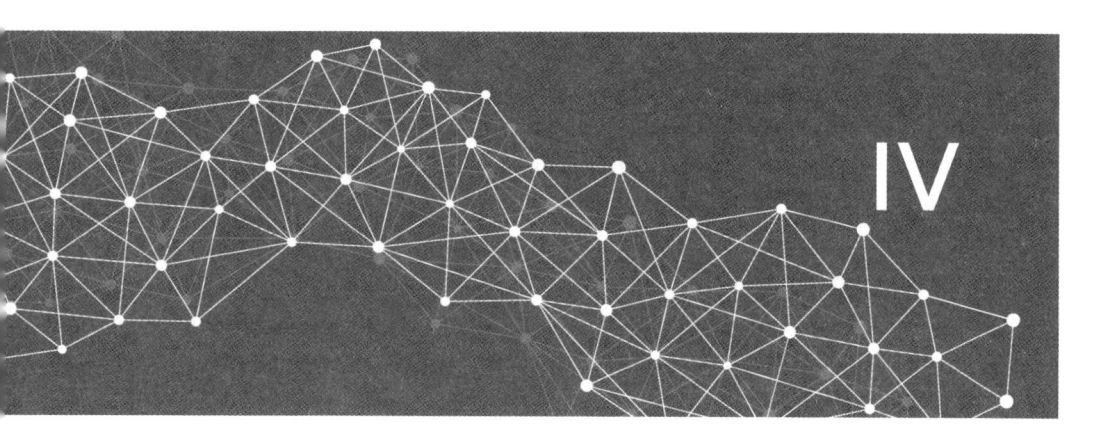

PROSPERANDO NA MUDANÇA: ESTRATÉGIAS PARA O SUCESSO

"Se você não gosta de alguma coisa, mude-a. Se não puder mudá-la, mude a sua atitude."

Maya Angelou, poeta e autora,
Eu sei por que o pássaro canta na gaiola

16. Dicas para Viajantes

Durante sua vida profissional, você estará muitas vezes no papel de viajante. Todos nós acabamos nos encontrando no lado receptor de jornadas de mudança, muitas das quais não escolhemos e que podemos não querer. Mesmo os principais executivos precisam atender às solicitações de seus acionistas e às demandas do mercado, sem falar dos órgãos reguladores e das mudanças climáticas.

Mas todo viajante tem a oportunidade de prosperar com as mudanças, até mesmo as mais difíceis que lhe são impostas apesar de seus protestos. Vejamos como você pode se capacitar para passar por todos os tipos de mudanças com elegância e estilo.

Faça um inventário

Em primeiro lugar, faça um inventário da sua situação. Dedicando alguns minutos a avaliar as coisas, você estará melhor preparado para responder a muitas mudanças diferentes.

1. Considere que tipo de mudança está vindo em sua direção. Quanta disrupção é provável que cause? Afeta como e onde você fará seu trabalho? Afeta sua equipe de colegas e rede de relacionamento? Exigirá novas habilidades e hábitos? Precisará abandonar hábitos bem arraigados? Essas informações ajudarão a traçar o eixo vertical da jornada de mudança e estimar a altura do pico que você precisará subir. Veja quanto tempo levará para se aclimatar à mudança (não apenas para superar a maior corcunda da mudança, mas para completá-la, voltando ao novo normal). São semanas? Meses? Ou anos?

2. Acrescente pelo menos 50% à sua estimativa. Não estou brincando. Dê a si mesmo um bom anteparo, porque mesmo os seus líderes não conseguem prever com precisão como será o impacto da mudança e caso estime para mais você não será surpreendido quando as estimativas deles estiverem erradas. Não é incomum que as iniciativas no ambiente de trabalho exijam o dobro ou até mesmo três vezes mais do que os recursos e o tempo estimados. Se você estimar com folga, não será surpreendido. Isso funciona também para reformas de cozinha. Estou só dizendo...

3. A partir de sua avaliação de disrupção e aclimatação recém-ajustada, determine em qual das quatro jornadas de mudança você está embarcando. A subida longa e intensa (vermelha), a escalada rápida em uma colina íngreme (laranja), a caminhada longa e constante (amarela) ou a pedra no caminho (verde). Como é provável que o pequeno e leve obstáculo de uma pedra não irá mantê-lo acordado à noite, nos concentraremos apenas nos outros três tipos à medida que avançamos.

4. Mapeie os próximos 12 meses para todas as jornadas de mudança que você fará. Isso inclui as do trabalho e as de casa, pois não temos dois cérebros ou dois corpos. Sua tolerância à mudança será afetada por todas as mudanças, profissionais e pessoais; portanto, mapeie-as na mesma linha do tempo para obter uma visão mais ampla. Não se esqueça de anotar alguns elementos do "ritmo dos negócios", como avaliações anuais e envio de orçamentos, e alguns elementos do "ritmo da vida", como aniversários, férias e impostos.

5. Para cada jornada de mudança, escolha a figura que representa sua motivação de mudança: se for algo que você escolher e desejar, use a figura do corredor, se for algo que deseja, mas não escolheu, use a figura do caminhante. Ou você pode usar a figura que se arrasta ou que resiste. Este também é um ótimo momento para pensar se você pode mudar sua atitude em relação a uma mudança. Consegue encontrar algo pelo qual ansiar, um possível ganho que possa motivá-lo? Será uma oportunidade para desenvolver uma nova habilidade ou fazer novos amigos? Na verdade, pode ajudar muito se você mudar sua orientação escolhendo procurar algo bom ou positivo. Tente e veja se consegue mudar algumas das figuras de um tipo para outro.

6. Na visão de um ano, quando você estará passando por mais mudanças (margem de tolerância totalmente ocupada)? Provavelmente é quando você sentirá fadiga de mudança. Observe também quando as coisas ficarão mais leves, pois esses são momentos de possível descanso e recuperação. Mais importante ainda, você pode fazer alguns ajustes? Posso lhe dizer que essa visão tem sido muito útil para mim e para os grupos com os quais trabalho. Só pelo fato de ver o quadro geral você consegue identificar onde as coisas estão se acumulando e, às vezes, pode mudar algo por apenas algumas semanas, o que faz toda a diferença.

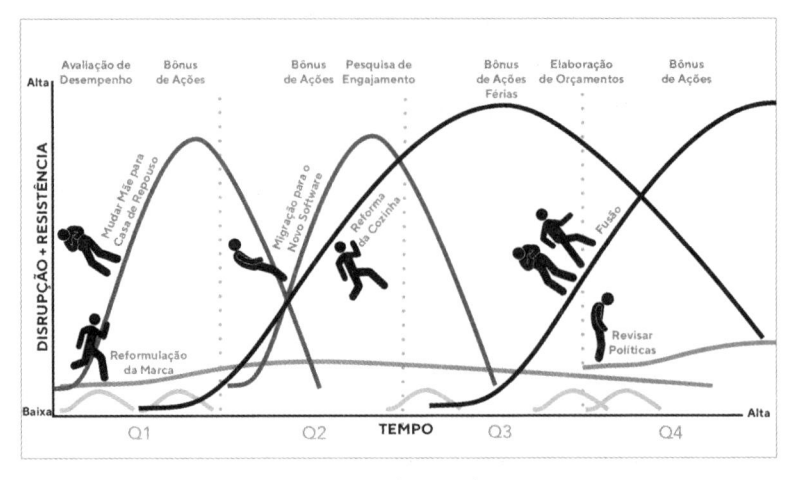

Inventário das mudanças

7. Depois de ajustar o que puder, a etapa final é assinalar os momentos em que as coisas serão mais intensas. Esses são os momentos em que você precisa ser proativo consigo mesmo para poder ter sucesso.

Uma poderosa troika de apoio: autocuidado, atenção plena e brincar

Depois de fazer um inventário de suas jornadas de mudança, você pode, de forma proativa, mitigar os efeitos. Lembre-se: a ciência do cérebro da mudança nos diz que nossa amígdala verá a mudança como perigosa, aumentando o medo e a ansiedade. Aqui entra o Galinho Chicken Little! Também podemos nos sentir perdidos, especialmente se a mudança afetar nosso espaço físico ou redes sociais, fazendo com que nosso córtex entorrinal faça um trabalho extra para construir novos mapas. Se tivermos de aprender novas habilidades ou hábitos, nossos gânglios basais precisarão de algum tempo para obter repetições suficientes para construir um novo hábito automatizado. E, por fim, se fracassarmos, nossa habênula reprimirá bons sentimentos e possivelmente até movimentos físicos.

Tenha em mente que a mudança em geral traz algumas preocupações previsíveis para as pessoas. O Dr. David Rock, do NeuroLeadership Institute, criou o Modelo SCARF, que mostra as cinco áreas nas quais as pessoas colocam o foco, principalmente quando estão sob estresse:

- **S**tatus: nossa percepção de importância em relação aos outros.
- **C**erteza: nossa capacidade de prever o futuro.
- **A**utonomia: nosso senso de controle sobre os eventos.
- **R**elação: uma medida de nossa confiança nos outros.
- **F**azer justiça: nossa percepção do quanto as coisas são justas ou iguais.

Segundo pesquisa de Dr. Rock, os humanos naturalmente escolhem com base nisso e são programados para buscar experiências que melhorem esses aspectos e se afastar daqueles que os ameaçam.

Tive uma experiência pessoal do modelo SCARF durante a aquisição. Enquanto sentia emoções como medo, empolgação, ansiedade, confusão e esperança, percebi que a fonte era status, certeza etc. Em um minuto estava animada com minha nova função e no minuto seguinte, preocupada em me reportar a alguém menos graduado. Em um momento estava curiosa com a equipe em que eu trabalharia e no momento seguinte, estressada com o fato de que eles não entenderiam quem sou e como posso contribuir.

Mesmo entendendo pelo que eu estava passando (eu ensino essas coisas!), não pude evitar de ter esses pensamentos e essas preocupações. O poder de nossa biologia é mais forte que educação, experiência e conhecimento combinados.

A única coisa que me ajudou a atravessar esse ano maluco foi usar o que chamo de troika de apoio poderosa. Por estar passando por um conjunto intenso de jornadas de mudança, eu sabia que cabia a mim cuidar de mim mesma se quisesse dar o meu melhor em tudo isso. Porém, isso não quer dizer que não estivesse apavorada. Tive dias ansiosos e mal-humorados – mas, qualquer que fosse o estado em que me encontrava, eu sabia que era dez vezes melhor do que seria sem a troika de autocuidado, atenção plena e brincar.

Autocuidado

Isso inclui o básico: boa nutrição, sono suficiente e exercícios. Todos nós sabemos que essas são atitudes saudáveis e relevantes para o pleno funcionamento dos nossos corpos, mas em tempos de estresse se tornam ainda mais importantes.

Conforme mencionei no Capítulo 11 sobre a habênula, um corpo responde ao estresse como se tivesse sido atacado e nosso sistema imunológico tenta lutar contra o inimigo invisível como se fosse uma gripe. Na verdade, eu comparo o início de uma jornada de mudança com o início da temporada de gripe. Quando a temporada de gripe começa, muitos de nós fazemos escolhas para fortalecer nosso sistema imunológico. Comemos mais vegetais e reduzimos o açúcar. Fazemos exercícios, o que na verdade aumenta a serotonina, a substância química do bem-estar. E dormimos mais.

O sono não deve ser subestimado como uma ferramenta em seu arsenal de autocuidado. A Harvard Medical School tem uma divisão inteira dedicada à "medicina do sono" e ao efeito profundo do sono no humor, foco e desempenho mental, entre outras coisas. Os Centros de Controle e Prevenção de Doenças relatam que não dormir o suficiente está ligado a uma série de doenças crônicas, incluindo diabetes, obesidade e depressão.

Além disso, um estudo publicado na revista *Science* estimou que até mesmo uma hora de sono extra pode aumentar a felicidade, especialmente para pessoas que não estão tendo o suficiente. Dormir melhor tem sido associado à perda de peso, aumento da criatividade e melhor desempenho no trabalho.

Em seu livro, *Brain Science for Principals* (Ciência do Cérebro para Diretores de Escola, em tradução livre), a Dra. Linda Lyman descreve o papel fundamental que o sono desempenha na forma como incorporamos um novo aprendizado na memória, um assunto que também abordo em meu livro *Programados para crescer 2.0*. De fato, os National Institutes of Health afirmam: "A deficiência de sono pode causar problemas de aprendizagem, concentração e reação. Você pode ter dificuldades para tomar decisões, resolver problemas, lembrar coisas, controlar suas emoções e comportamento e lidar com mudanças". A maioria das mudanças exige um novo aprendizado, de modo que o sono não apenas nos ajuda a lidar com o estresse da mudança, como também nos ajuda a desenvolver novos hábitos mais rapidamente.

Atenção plena

Outra maneira de nos prepararmos para a temporada de gripe é tomando uma vacina para gripe, que nos inocula contra os efeitos nocivos do vírus. A atenção plena nos inocula contra os efeitos nocivos da mudança e pode ser um antídoto para o estresse que geralmente acompanha a mudança. Seja meditação, seja ioga, seja estar presente, seja expressar gratidão, a atenção plena desempenha um papel poderoso em nossos cérebros. Há um motivo para que toda tradição de sabedoria, desde o início da história, proponha algum tipo de prática de atenção plena.

O Dr. Richard Davidson, professor e diretor do Laboratório Waisman de Imagens do Cérebro e Comportamento da Universidade de Wisconsin, estuda os efeitos da atenção plena no cérebro. Ele utiliza a tecnologia de ressonância magnética para comparar os cérebros de pessoas que meditam há muito tempo, como os monges tibetanos, com pessoas que nunca meditaram, e com aqueles que acabaram de fazer sua primeira meditação. Os resultados são surpreendentes. Meditar, ainda que apenas **uma vez**, muda o cérebro de forma mensurável. Ele detalha mais benefícios em seu livro *O estilo emocional do cérebro*.

Ferramentas poderosas para ter sucesso na mudança

Sua pesquisa inovadora mostrou que as pessoas que meditam são capazes de se concentrar por mais tempo, são menos propensas a se preocupar com eventos futuros e, quando algo estressante efetivamente acontece, eles sentem menos angústia no momento e voltam logo ao seu estado normal. Outro estudo da Dra. Sara Lazar da Escola de Medicina da Universidade de Harvard constatou que uma prática diária de atenção plena realmente encolhe a amígdala, tornando-a menos reativa em apenas oito semanas.

Além disso, vários estudos têm mostrado que tanto a gratidão quanto a atenção plena tornam o cérebro mais receptivo ao aprendizado, o que é vital durante a mudança, à medida que adquirimos novas habilidades e hábitos. O Dr. Alex Korb sintetizou algumas das principais descobertas sobre a gratidão em seu artigo na *Psychology Today* intitulado "The Grateful

Brain: The Neuroscience of Giving Thanks" ("O Cérebro Agradecido: A Neurociência de Dizer Obrigado", em tradução livre). Estudos mostram que as práticas de gratidão consciente aumentam a atenção, a determinação e o entusiasmo e reduzem a ansiedade, a depressão e as doenças físicas.

Devido a esses e muitos outros estudos convincentes, eu também comecei uma prática diária de meditação de 15 minutos por dia. Tenho visto uma grande mudança em minha própria reatividade e capacidade de gerenciar todos os tipos de estresse, incluindo mudanças. Se você ainda não explorou a atenção plena, incentivo-o a experimentar. Com uma simples pesquisa online você obterá uma lista de aulas locais em seu bairro, vídeos online, livros e aplicativos para seus dispositivos. Eu pessoalmente uso a série de 21 dias de Deepak Chopra e também Desk-Yogi.com, que inclui ainda vídeos sobre outros tópicos importantes de bem-estar. Muitas empresas estão comprando Desk-Yogi para os funcionários, de forma que é algo que você pode sugerir ao seu departamento de RH.

A revista *Time* publicou há pouco tempo uma edição especial completamente dedicada à atenção plena ("Mindfulness: The New Science of Health and Happiness" – "Atenção Plena: A Nova Ciência da Saúde e Felicidade", em tradução livre), que compilou os últimos estudos sobre práticas de atenção plena com dicas sobre como incorporá-las à sua rotina diária. Fornece detalhes sobre como a atenção plena melhora a saúde, inclusive abaixando ou reduzindo a ansiedade, a pressão arterial e o peso, e aumentando ou melhorando a felicidade e o sono. Também apresenta empresas que integraram a atenção plena no ambiente de trabalho, como Google, LinkedIn e Huffington Post.

Brincar

Estudos mostraram que as pessoas que brincam são mais adaptáveis, inovadoras e têm relacionamentos mais positivos. E os benefícios não param por aí. De acordo com o National Institute for Play, brincar é vital para a saúde humana e o bem-estar. Gera otimismo, estimula a curiosidade, incentiva a empatia, cultiva a perseverança e leva ao controle. Por outro lado, sociedades, famílias e outras culturas que mantém uma privação prolongada da experiência de brincar, registram aumento de depressão, doenças relacionadas ao estresse, vícios e violência interpessoal.

A criatividade e a brincadeira também andam de mãos dadas. Quando brincamos, nos permitimos entrar em um estado físico e emocional que faz com que nossa criatividade flua mais naturalmente. Nossas redes lógicas e analíticas estabelecem uma pausa para que nosso cérebro possa começar a realizar todo tipo de conexões profundas.

A neurociência tem demonstrado que os ambientes lúdicos moldam poderosamente o córtex cerebral, a parte do cérebro onde ocorre o nível mais alto de processamento cognitivo. Assim, faz sentido considerar que o fato de não brincar muito sufoca a energia criativa. O Dr. Stuart Brown, autor de *Play: How It Shapes the Brain, Opens the Imagination, and Invigorates the Soul* (Brincadeira: Como essa Atividade Molda o Cérebro, Abre a Imaginação e Revigora a Alma, em tradução livre), identificou sete padrões de brincadeira. Pense em suas experiências com cada uma delas, da infância à idade adulta:

- **Brincadeira de sintonização:** isso ocorre entre bebês e seus pais/cuidadores. Ao olharem um para o outro, naturalmente sorriem e se conectam, ficando sintonizados entre si.
- **Brincadeira corporal:** isso ocorre por meio de movimento e é como aprendemos a coordenar nossos corpos. As crianças naturalmente gostam desse processo e, à medida que crescemos, ampliamos para movimentos mais complexos, como esportes e dança, com crescente precisão e controle.
- **Brincadeira com objetos:** trata-se da brincadeira com coisas. Começa com artefatos simples, como bater em uma panela ou quicar uma bola, e aumenta em complexidade conforme desenvolvemos a destreza. Videogames, pintura e culinária são formas de brincadeiras com objetos.
- **Brincadeira social:** o que fazemos com outras pessoas para nos divertir. Do simples esconde-esconde e luta-livre a jogos mais complexos, a brincadeira social cria a base para relacionamentos interpessoais, colaboração e empatia.
- **Brincadeira imaginativa:** essa é a fonte de muita criatividade. Começa com jogos simples de faz de conta na infância, conforme assumimos personagens (por exemplo, bombeiro ou professor) e se estende a criações fantásticas de mundos inventados, amigos, idiomas e situações.

- **Brincadeiras narrativas:** isso envolve contar histórias e é como damos sentido ao mundo e nosso lugar nele. Contar histórias faz parte de todas as culturas e nos permite cruzar conceitos de tempo e espaço, bem como acessar vários estados emocionais.
- **Brincadeira criativa:** isso ocorre quando usamos nosso senso de fantasia ou imaginação para transcender ou transformar o atualmente conhecido para um novo estado. Músicos e dançarinos costumam usar brincadeiras criativas para desenvolver novos trabalhos. Einstein era conhecido por usar esse tipo de brincadeira para pensar em ideias científicas não comprovadas.

Brincar também tem propriedades curativas. Charlie Hoehn, autor de *Play It Away: A Workaholic's Cure for Anxiety* (Brincadeira: A Cura de um Workaholic para a Ansiedade, em tradução livre), costumava sofrer ataques de pânico intensos e debilitantes. Ele descobriu que brincar foi uma grande parte de seu processo de cura.

Portanto, encontre uma forma de colocar mais brincadeira em sua vida. Pode ser simples e solitária ou complexa e colaborativa. A coisa mais importante: torne-a divertida. Você deve ter uma boa sessão de brincadeira pelo menos uma vez por semana, e quanto mais, melhor. Caso precise de mais motivação, pense nesta citação de Brian Sutton-Smith: "O oposto de brincar não é o trabalho. É a depressão".

Seja um participante ativo

Além da troika poderosa, uma das maneiras mais importantes de garantir que você tenha sucesso durante a mudança é se tornar um participante ativo na jornada. Se você permanecer passivo e deixar que a mudança "seja feita" para você, a resistência natural de seu cérebro assumirá o controle. E isso não o beneficia em longo prazo porque aumenta a ansiedade e a fadiga e diminui as substâncias químicas do bem-estar. Isso prejudica sua saúde e bem-estar no trabalho e/ou quando estiver fora do expediente.

Caso consiga encontrar um modo de apoiar a mudança com uma atitude de "Vamos fazer isso!", você agora pode se envolver na solução do problema, ativar sua criatividade e se sentir mais empoderado. Dessa forma, também pode obter o que precisa para ter sucesso. Embora eu adorasse lhe prometer que seus líderes e gerentes farão um excelente trabalho, sabemos que você pode acabar tendo um planejador inexperiente da expedição ou um guia inepto (se isso ocorrer, por favor compre um exemplar deste livro para eles). Mas não deixe que a competência deles atrapalhe sua experiência.

Aqui vão minhas dez dicas para ser um participante ativo em sua jornada:

1. **Informe-se sobre a jornada:** quando a mudança for anunciada, descubra tudo o que puder para que seu cérebro possa começar a processar a notícia. Quanto mais cedo você se preparar para a viagem e seu papel como viajante, mais fácil se tornará.
2. **Faça perguntas:** se precisa de mais informações, pergunte. Se algo não estiver claro, peça clareza. Nos próximos capítulos compartilho coisas que os líderes podem fazer para criar mudanças bem-sucedidas. Eu incentivo que todos os viajantes também leiam essas seções porque elas fornecem boas perguntas ou sugestões a fazer, especialmente se seu guia não as estiver abordando de forma proativa.
3. **Encontre seu próprio propósito:** sua capacidade de ficar motivado e feliz aumentará se puder criar seu próprio propósito significativo para a jornada. Encontre uma forma de converter a mudança em algo que seja importante para você.
4. **Encontre parceiros:** você não é o único passando por essa mudança; assim, encontre um companheiro de jornada ou forme uma equipe. Todos se beneficiarão ao compartilhar informações, apoiando uns aos outros e comemorando o sucesso coletivo.
5. **Elabore um roteiro:** a maioria dos planos de mudança é composta de documentos longos e detalhados que não são realmente úteis. Elabore seu próprio mapa visual da jornada. Desenhe os marcos, as seções íngremes e os locais de descanso. Isso também pode ser divertido (e esclarecedor) de fazer com sua equipe de viagem.
6. **Transforme a experiência em um jogo:** a parte de recompensa do nosso cérebro adora jogos e prêmios. Estrelas douradas e comemorar etapas cumpridas são importantes. Encontre um modo de transformar a jornada em uma série de níveis nos quais você ganha pontos ou estrelas por completar, e dê a si mesmo boas recompensas

por atingir marcos. Isso pode ser uma ótima coisa para fazer com os colegas de trabalho. Você pode até transformar uma experiência negativa em algo divertido. Por exemplo, antes de feriados eu jogo com meus amigos o "bingo da família disfuncional". Fazemos uma cartela de bingo com todas as coisas que esperamos que não aconteçam, como "Tio George comenta sobre meu peso" ou "Mamãe insulta a Vovó". Então, conforme o fim de semana se desenrola, marcamos os quadrados e trocamos mensagens de texto. Mais tarde saímos para jantar e vemos o vencedor. Essa tradição tornou os feriados muito mais divertidos e a camaradagem torna mais fácil amarmos nossas famílias como elas são. E você pode ver a ciência do cérebro trabalhando na resolução de problemas, encontrando o sucesso e as recompensas. Caso esteja passando por dificuldades com mudanças no trabalho, transforme-as em um jogo positivo. Talvez você ganhe uma estrela por ajudar alguém ou crie uma regra de "não reclame", com a primeira pessoa a reclamar tendo que pagar almoço para os demais. Talvez você crie equipes e tenha uma competição amigável pela solução mais rápida ou criativa. Encontre maneiras de transformar em jogos e você se sentirá muito melhor.

Dez maneiras de os viajantes serem participantes ativos

7. **Treine para a caminhada:** como em qualquer jornada, treinar pode ajudá-lo a aumentar sua força e resistência antes que a trilha se torne difícil. Ter os sapatos corretos também pode ajudar. Se você aborda sua jornada de mudança com as mesmas ideias, como pode se preparar para o sucesso? Se a sua organização oferecer treinamento, procure participar e talvez fazer até um treinamento adicional. Se a sua organização não oferece, procure outras fontes, como livros e sites de treinamento online, por exemplo, LinkedIn Learning ou Udemy. Talvez você invista em algum equipamento novo como um bom software de planejamento ou a assinatura de um serviço de suporte. Talvez haja mentores experientes com os quais possa falar. Como na maioria das vezes, o treinamento pode ser mais divertido quando feito em grupo; assim, pense em uma forma de convidar outras pessoas para participar.
8. **Descanse nos pontos de descanso:** os viajantes muitas vezes cometem o erro de avançar quando poderiam descansar, pensando em algo como, **vou terminar mais rápido se simplesmente continuar. Descansar é uma perda de tempo.** Mas o descanso é realmente importante para combater a resistência natural do nosso cérebro. Toda jornada de mudança tem momentos mais lentos ou seções planas antes da próxima colina íngreme. Aproveite-os. Vivemos em uma cultura tão agitada agora que, muitas vezes, não sabemos o que fazer com períodos de calma, e então os preenchemos. Assumimos um projeto em casa ou aceleramos algo no trabalho. Mas o descanso é vital e você precisa dar a si mesmo permissão para fazer uma pausa. Esses momentos são ótimos para dobrar a aposta na troika poderosa de autocuidado, atenção plena e brincar.
9. **Peça ajuda quando precisar:** outro erro que os viajantes cometem é não aproveitar a assistência disponível. Eles continuam avançando na esperança de que as coisas simplesmente melhorem. Mas muitas vezes não melhoram. Se você estiver se sentindo sobrecarregado, fatigado ou confuso, peça ajuda! As organizações costumam implementar vários sistemas de apoio. Procure observar quais são e como acessá-los.

10. **Se precisar, saia da montanha:** por vezes, a jornada de mudança pode exigir demais. Isso geralmente acontece quando uma pessoa está fazendo várias jornadas intensas de mudança ao mesmo tempo, e possivelmente uma combinação de coisas do trabalho e de casa. A vida continua – você ou um ente querido pode ficar doente ou ferido, ou talvez você acabou de ter um bebê, ou um pai idoso precisa de ajuda, ou você foi vítima de um crime. Se não puder participar da mudança, fale com seu gerente e o RH para discutir as opções. Talvez possa ficar de fora nessa ou desempenhar um papel menos intenso. Se não, talvez possa tirar uma folga. Esse é o tipo de momento em que muitas organizações permitem licenças, para cuidar dos funcionários em momentos em que as coisas são demais. Às vezes desistir é a melhor coisa que você pode fazer para si mesmo, sua equipe e sua organização.

Enfim, espero que consiga ver que os viajantes não são apenas passageiros passivos na jornada de mudança. Mesmo quando muitos dos detalhes estão fora de seu controle, há muitas coisas que você pode fazer para garantir que não apenas sobreviva, mas que tenha sucesso.

17. O Kit de Ferramentas do Líder: Navegação, Motivação, Conexão

Com base em minha pesquisa sobre a neurociência da mudança, criei um kit de ferramentas dos líderes para conduzir seus viajantes por qualquer tipo de jornada de mudança. Funciona com o cérebro, abordando principalmente as quatro estruturas da amígdala, córtex entorrinal, gânglios basais e habênula. Esse kit de ferramentas também leva em conta os vários fatores que influenciam a motivação e o ímpeto de um viajante.

O kit tem três tipos principais de ferramentas: de navegação, de motivação e de conexão, que podem ser aplicadas em conjunto em diferentes combinações para atender às necessidades de seus viajantes em suas respectivas jornadas. Vamos abrir essa mochila de guloseimas e ver o que há nela.

Ferramentas de navegação: o porquê e o como da jornada

A jornada de mudança não é diferente de qualquer outra experiência de viagem – é um exercício de navegação no tempo e no espaço. Os viajantes de todos os tipos têm muito mais probabilidade de chegar a seus destinos com segurança se tiverem as ferramentas de navegação certas. Os andarilhos utilizam mapas de contorno geográfico, bússolas e guias de trilhas, enquanto os pilotos de avião utilizam cartas de aviação e sistemas GPS. Todas essas ferramentas devem ser incorporadas na implantação da mudança e no plano de comunicação. Existem quatro ferramentas de navegação.

Comece com o porquê

Antes de iniciar qualquer jornada você deve saber primeiramente por que está indo. Se não sabe o motivo desde o início, então está faltando um elemento fundamental para uma boa tomada de decisão e motivação. E o propósito não deve ficar claro apenas para você. É necessário comunicar o porquê aos seus viajantes. O livro de Simon Sinek, *Comece pelo porquê*, diz tudo: os viajantes precisam saber por que precisam fazer a jornada, afinal. Na verdade, o motivo é o centro do que Sinek chama de "o círculo dourado" que inclui o como e o quê. Mas o porquê deve vir primeiro.

Do ponto de vista da ciência do cérebro, saber o porquê ajuda a amígdala a ver a mudança como menos ameaçadora e ajuda os viajantes a olhar para o futuro e antecipar ganhos potenciais. Na verdade, quanto mais você esclarecer o propósito e os possíveis ganhos para eles, mais cedo podem mudar o foco.

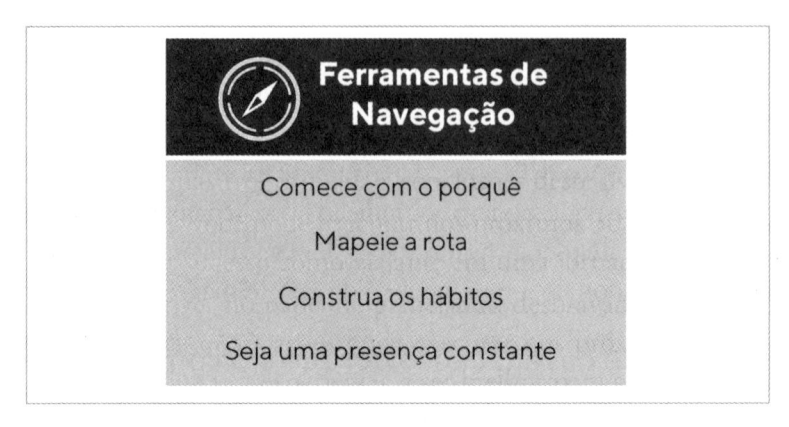

Ferramentas de Navegação

Comece com o porquê

Mapeie a rota

Construa os hábitos

Seja uma presença constante

O kit de ferramentas do líder para navegação

Mapeie a rota

Depois de saber o porquê, você precisa mapear a rota. Ir do ponto A ao ponto B requer que identifique a localização de cada ponto e a melhor rota entre eles. A maioria das jornadas de mudança de hoje são de um estado atual para outro, presumivelmente melhor, estado futuro. Portanto, o mapa pode ser expresso em receita obtida, redução de reclamações ou qualquer outra métrica importante para o seu negócio. Independentemente de como explica, como líder você precisa dizer às pessoas para onde estão indo e colocar um farol lá para guiá-las.

Criar um mapa da jornada é fundamental para o sucesso dos viajantes, pois evita que se percam e também pode ajudá-los a acompanhar o progresso, aumentando seu sentimento de realização. Como em todos os bons mapas, é útil se você puder acrescentar marcos e sinalizações ao longo do caminho, para também ajudar a manter as pessoas no caminho certo e lhes dar uma sensação de progresso e realização. Levando em conta o córtex entorrinal, se a jornada afetar o ambiente de trabalho físico ou a rede social de seu viajante, você também precisará criar mapas literais de lugares e pessoas.

Construa os hábitos

É altamente provável que sua jornada de mudança exija que os viajantes mudem os hábitos e comportamentos de alguma forma. Isso deve ser mencionado em sua implementação de mudança e plano de comunicação. O que, especificamente, os seus viajantes precisam fazer e dizer? Seja bastante preciso nas palavras e ações. Os retornos sobre o desenvolvimento desse tipo de especificidade não podem ser minimizados, porque dá aos seus viajantes o aprendizado e o treinamento corretos. Pense nos novos hábitos que você precisa que eles construam. Qual é a dica, a rotina e a recompensa? Tudo isso é trabalho dos gânglios basais e podemos facilitar ou dificultar para essa estrutura cerebral na sua função de construção de hábitos.

Lembre-se, a repetição é importante. Uma via neural é construída e reforçada por meio de repetições e um hábito se forma após cerca de 40 a 50. Use o poder do treinamento e da prática para construir esses hábitos rapidamente. A prática é a forma como aprimoramos e melhoramos nossas habilidades, desenvolvendo a maestria. Porque todos nós ganhamos muito com o **fazer** de algo.

Uma de minhas ferramentas favoritas é Practice by Bridge, que usa o poder do vídeo interativo para demonstrar comportamentos ideais, além de criar um ambiente para que os alunos recebam avaliação e coaching autênticos. Você também pode usar a tecnologia para criar ambientes de prática realistas para as pessoas. Explore as vantagens do treinamento imersivo com empresas como Mursion e Cubic. Confira a agilidade do aprendizado adaptativo com Amplifier e Area 9. E considere o poder da realidade virtual com SilVR Thread, Portico.ai, Virtalis e Strivr.

Seja uma presença constante

As ferramentas de navegação devem ser confiáveis e consistentes. Como a mudança pode ser muito disruptiva, você precisa que suas ferramentas de navegação se tornem a nova fonte de constância para seus viajantes. Todo grande líder lhe dirá que é isso que faz a diferença — ser uma presença constante e confiável, repetindo várias vezes as principais informações. Você precisará repetir as coisas com mais frequência do que esperava e pode se sentir às vezes como um disco quebrado. Também descobrirá que precisará manter isso por mais tempo do que o esperado. Muitos líderes me disseram que o maior erro que cometeram foi se afastar depois que o grupo superou a corcunda da resignação. Os viajantes mostraram sinais de abraçar a mudança e então relaxaram. E o grupo teve uma recaída. Pense em seu papel como se você estivesse construindo uma corda-guia na qual eles podem se agarrar sempre que precisarem.

Motivação: reconhecimento e recompensa

O kit do líder também oferece ferramentas para motivar seus viajantes. A motivação é muito importante para combater a resistência natural do cérebro às mudanças. Ajuda a lidar com as várias emoções que fazem parte da transição. A menos que seja abençoado tendo um grupo que apresente, em relação à mudança, escolha e desejo elevados, você precisará usar essas várias formas de reconhecimento e recompensa.

Foco no propósito

Os humanos são programados para buscar um propósito. Isso faz parte do aspecto "tornar-se" de nossa biologia. Em seu livro *Motivação*, Dan Pink sintetizou muitos estudos sobre motivação humana e mostrou que as pessoas são motivadas por três coisas: propósito, autonomia e domínio do assunto (mais sobre isso na sequência). As pessoas naturalmente querem fazer uma contribuição; assim, ao especificar o propósito maior que a iniciativa de mudança atinge, você naturalmente acessará a motivação de seus viajantes.

De fato, o propósito é tão importante que as empresas estão mudando para ser mais voltadas para os objetivos. Livros como *The purpose economy* (A Economia do Propósito, em tradução livre), *Comece algo que faça a diferença*, *Empresas humanizadas* e *We First* (Nós Primeiro, em tradução livre) compartilham evidências convincentes de que os consumidores e os funcionários buscam negócios que tenham um impacto positivo e significativo no mundo.

Ferramentas de Motivação

- Foco no propósito
- Mude para a resolução de problemas
- Reconheça o esforço e o progresso
- Use as recompensas certas

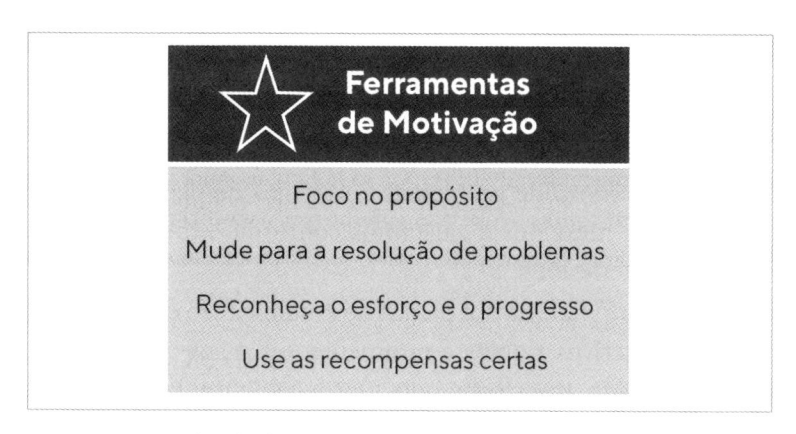

O kit de ferramentas do líder para motivação

Em *Purpose at Work: The Largest Global Study on the Role of Purpose in the Workforce* (Propósito no Trabalho: O Maior Estudo Global sobre o Papel do Propósito na Força de Trabalho, em tradução livre), os pesquisadores afirmam que conectar os funcionários com um propósito aumenta o engajamento, a produtividade e os lucros. Eles constataram que os funcionários com propósito definido sentem níveis 64% mais elevados de realização em seu trabalho, são 50% mais propensos a ocupar cargos de liderança e 47% mais propensos a promover sua empresa como um bom lugar para trabalhar.

As outras duas fontes que Dan Pink identificou foram a autonomia (a capacidade de ser autodirigido) e o domínio do assunto (a oportunidade de melhorar as coisas). Ambas podem ser ameaçadas ou diminuídas durante uma jornada de mudança, o que torna o propósito ainda mais importante. Portanto, pense em como você pode conectar a iniciativa de mudança com um propósito maior, seja a algum bem maior que a organização esteja tentando alcançar, seja a um valor pessoal que o funcionário possui.

Mude de objetivos para a resolução de problemas

Uma forma de motivar os funcionários é mudar o foco de objetivos para resolução de problemas. De acordo com a Dra. Kyra Bobinet, professora na Universidade de Stanford, "Os objetivos são geralmente voltados para resultados, o que significa que ou temos sucesso em nossas tentativas para alcançá-los, ou fracassamos. Se 'fracassamos' em algo, a habênula mata nosso incentivo para dar outra chance às coisas". A resolução de problemas funciona com a parte do cérebro que busca recompensas. À medida que procuramos e encontramos uma solução, a experiência se torna um sucesso, algo que funciona tanto com a habênula quanto com os gânglios basais. Além disso, a resolução de problemas é um tipo de planejamento (*design thinking*), em que mexemos e ajustamos conforme experimentamos, melhorando a cada iteração.

Pense em como a maioria dos planos de mudança são elaborados. Muitos têm marcos e objetivos rígidos e raramente, ou quase nunca, acontecem conforme o esperado, transformando a jornada de mudança em uma série de fracassos. Para evitar isso, esquematize cada fase da iniciativa de mudança como um exercício de resolução de problemas. Isso permite que seus viajantes se tornem participantes ativos na jornada, em vez de passageiros. É possível que a experiência e a perspectiva deles melhorem a jornada de mudança de inúmeras maneiras.

Mentalidade Fixa	Mentalidade de Crescimento
leva ao desejo de parecer bem, por isso tende a:	leva ao desejo de aprender, por isso tende a:
Acreditar que a maioria das habilidades é baseada em traços que são fixos e não podem mudar	Acreditar que as habilidades podem sempre melhorar com trabalho pesado
Ver o esforço como desnecessário, algo para fazer quando você não é bom o suficiente	Ver o esforço como um caminho para o conhecimento e, portanto, essencial
Evitar desafios, pois podem revelar a falta de habilidade; tende a desistir facilmente	Abraçar os desafios e vê-los como oportunidade de crescimento
Ver o feedback como uma ameaça pessoal ao senso de identidade e fica na defensiva	Ver o feedback como útil para aprender e melhorar
Ver os reveses como desencorajadores; tende a culpar os outros	Ver os reveses como um alerta para trabalhar mais arduamente da próxima vez
Sentir-se ameaçado pelo sucesso dos outros; pode prejudicá-los em um esforço para parecer bem	Ver lições e inspiração no sucesso dos outros
Como resultado, podem estagnar precocemente e ficar abaixo de seu pleno potencial	*Como resultado, alcançam níveis cada vez mais elevados de potencial e desempenho*

As duas mentalidades em ação

A resolução de problemas também contribui para mudar os funcionários de uma mentalidade fixa para uma mentalidade de crescimento. A pesquisa da psicóloga de Stanford, Dra. Carol Dweck, examinou o que diferencia as pessoas que têm sucesso das que não têm. Ela constatou que as pessoas que não têm sucesso costumam apresentar uma mentalidade fixa, o que significa que acreditam que seus traços ou características inerentes – como o QI (quociente de inteligência) ou habilidades pessoais – são definidos quando atingem a idade adulta.

Uma pessoa com mentalidade fixa pensa: **"Eu tenho o que tenho e só preciso fazer o melhor possível com isso, mas não posso mudá-lo"**. Por outro lado, uma pessoa com uma mentalidade de crescimento acredita que sempre pode melhorar, que sempre pode aprender algo novo ou praticar algo mais, e que o estudo e o esforço são os caminhos para o aperfeiçoamento e até mesmo para dominar o assunto. Uma pessoa com mentalidade de crescimento pensa: **"Talvez eu não seja capaz de fazer isso ainda, mas posso trabalhar duro e melhorar."**

A mentalidade de crescimento produz também outros tipos de benefícios. Observe o gráfico anterior que compara as duas mentalidades em ação. Você pode constatar que a mentalidade influencia a maneira como vemos tudo, desde esforço, desafios e feedback até o sucesso dos outros.

Por causa da pesquisa fundamentada sobre a mentalidade de crescimento, muitas organizações estão repensando seus processos de avaliação de desempenho, afastando-se das classificações e focando o crescimento e a melhoria. Quando classificamos as pessoas como "normais", "excelentes" ou "fracas", basicamente reproduzimos a mentalidade fixa, dizendo: "Você é o que é". Mas, quando passamos a avaliar o crescimento e a melhoria, ativamos a motivação e, em última análise, o potencial, dizendo: "Você é aquilo que busca alcançar".

Na verdade, a palavra distintiva para a mentalidade de crescimento é **ainda**. Como em: "Eu não dominei isso ainda, mas vou conseguir". Instantaneamente transforma uma frase negativa em uma possibilidade e um potencial. Como líder de uma jornada de mudança, aproveite o poder do "ainda" em suas próprias mensagens.

Reconheça o esforço e o progresso

Uma forma importante de motivar seus viajantes é reconhecer o esforço e o progresso. Reconhecer o esforço é parte de promover uma mentalidade de crescimento, que cria uma cultura de aprendizagem. Aqui estão alguns exemplos de como seria o feedback quando ativa as mentalidades fixa e de crescimento. Observe que a mentalidade fixa tende a enquadrar o feedback em termos de uma característica enquanto o feedback de crescimento se concentra no esforço e na melhoria.

Fixa (habilidade)	Crescimento (esforço + melhoria)
"Bom trabalho! Você é muito inteligente"	"Bom trabalho! Posso ver que você dedicou muito tempo a isso"
"Você realmente é talentoso nisso"	"Você realmente se aplicou"
"Você fez um trabalho de alta qualidade"	"Gosto da maneira como você revisa e melhora o seu trabalho. Esse passo adicional faz toda a diferença"
"Viu, eu disse que seria fácil. Você nasceu para isso"	"Você trabalhou duro e fez um ótimo trabalho. Acho que está pronto para algo mais desafiador"
"Você arrasou!"	"Foi um projeto longo e complexo, mas você perseverou e concluiu. Você arrasou!"
"Bom trabalho finalizando o projeto"	"Estou realmente orgulhoso de você e de como continuou tentando mesmo quando ficou difícil. Essa persistência realmente valeu a pena"

Feedback nas formas de mentalidade fixa e de crescimento

Durante uma jornada de mudança você terá muitas oportunidades para reconhecer o esforço e a melhoria, e isso vai encorajar a equipe. Pode ser especialmente útil para os viajantes que não desejaram ou escolheram a mudança e podem estar se arrastando ou fincando os pés no chão. Quanto mais o esforço deles é recompensado, maior a probabilidade de os gânglios basais e a habênula responderem de forma a auxiliar a jornada de mudança.

Mas não ignore seus caminhantes e corredores se você for abençoado por tê-los. Eles também se beneficiarão do reconhecimento, dando-lhes um impulso que pode estimular todo o grupo. De fato, no relatório *Employee Recognition* de 2015, conduzido pela Globoforce, os pesquisadores constataram que o reconhecimento dos funcionários impulsionou o envolvimento, a retenção, o bem-estar, a segurança e a marca do empregador.

Você pode expressar seu reconhecimento aos viajantes de muitas maneiras diferentes, pois o reconhecimento é geralmente um tipo de recompensa à qual o cérebro responde bem. Sem dúvida, uma palavra sua, do líder, é poderosa; então, não subestime o poder do elogio. De acordo com o Dr. Donald Clifton, coautor de *Seu balde está cheio?*, não se sentir valorizado é o principal motivo pelo qual os funcionários deixam o emprego. Além disso, um estudo da Deloitte constatou que as organizações com programas eficazes de reconhecimento do trabalho dos funcionários tiveram 31% menos rotatividade que aquelas com programas ineficazes. Em

2016, a OfficeVib conduziu um estudo global com mais de mil organizações em mais de 150 países. Em seu relatório, *The Global & Real-Time State of Employee Engagement* (A Situação Global e em Tempo Real do Engajamento dos Funcionários, em tradução livre), eles compartilham os seguintes resultados:

- 65% dos funcionários sentem que não recebem elogios o suficiente.
- 82% dos funcionários acham que é melhor fazer um elogio a alguém do que dar um presente.
- 35% dos funcionários têm de esperar mais de três meses para receber feedback do gerente.
- 82% dos funcionários realmente gostam de receber feedback, independentemente de ser positivo ou negativo.
- 62% dos funcionários dizem que gostariam de receber mais feedback dos colegas.

Como também é importante ser reconhecido pelos colegas de trabalho, você pode criar oportunidades para que isso aconteça, talvez em reuniões sobre a jornada de mudança. Veja se você consegue criar uma cultura em que todos estejam atentos a esforços e melhorias e faça disso uma parte positiva e divertida da jornada. Procure sites e aplicativos para experimentar, ou fique no sistema antigo mesmo de cumprimentos e estrelas douradas se isso funcionar para sua cultura e contexto.

Marcar o progresso é outra parte desse processo. Como em qualquer jornada, a equipe precisa saber onde está no mapa, o que já foi concluído e o que vem em seguida. Pense novamente em expedições de escalada ao Everest ou o Tour de France. Cada centímetro do processo é mapeado e as equipes passam todas as noites discutindo o que aconteceu durante o dia e traçando sua estratégia para o próximo. Alpinistas e ciclistas precisam saber essas informações para que possam controlar as energias e fazer as escolhas certas com alimentação e hidratação, ou até mesmo quando e como cuidar de uma lesão.

Seus viajantes não são diferentes. Ao comunicar-se regularmente sobre o roteiro e o progresso, você capacita os funcionários a se tornarem participantes ativos na jornada, sobretudo se encarar cada etapa da jornada como uma fase de resolução de problemas. Além disso, o progresso precisa ser comemorado! À medida que a equipe atravessa os marcos da jornada de mudança, procure expressar o reconhecimento a cada um dos membros. Mesmo estando atrasado ou acima do orçamento, você deve encontrar maneiras de marcar o progresso e comemorar. Caso contrário, a habênula provavelmente codificará a experiência como um "fracasso" e seus viajantes ficarão resistentes a futuras iniciativas de mudança.

Isso não significa que você não deva ter conversas honestas sobre desempenho e qualidade. Sem dúvida deve fazê-lo. Mas procure também criar momentos que permitam às pessoas saber que estão progredindo, mesmo que ainda não tenham chegado lá. Muitos líderes dão mais importância ao feedback construtivo e crítico, adiando as comemorações porque estão muito ocupados ou atrasados, deixando o cérebro sem nada para interpretar como recompensa.

Um processo do livro *As 4 disciplinas da execução*, de Chris McChesney, Sean Covey e Jim Huling, é uma de minhas formas favoritas de garantir que o progresso seja devidamente medido e reconhecido. É muito eficaz para gerar todo tipo de resultados, quer seja uma iniciativa de mudança ou não. As quatro disciplinas são:

1. Foco nos objetivos extremamente importantes.
2. Atuação nas métricas referentes à liderança.
3. Manutenção de um placar envolvente.
4. Criação de uma cadência de responsabilidade.

Esse processo eficaz ajuda os líderes a ter clareza sobre as métricas de sucesso e a torná-las lúdicas para que os funcionários fiquem motivados a atingirem esses índices e se apropriarem deles. O processo inclui aprender com os fracassos (mentalidade de crescimento), bem como celebrar os sucessos.

Use as recompensas certas

O reconhecimento e o elogio são definitivamente recompensas, mas não são os únicos. Lembre-se de que as recompensas desempenham dois papéis vitais na neurociência da mudança: (1) ajudam a habênula a codificar uma experiência como um sucesso, ao invés de um fracasso que tentará evitar, e (2) ajudam o cérebro a querer repetir o comportamento, pois os gânglios basais veem a recompensa como o terceiro componente do ciclo do hábito.

Charles Duhigg, em seu livro *A força do hábito*, compilou e sintetizou estudos do MIT, da Columbia University e de outras instituições sobre a formação de hábitos. Todos os tipos de recompensas podem funcionar. A conexão social é uma recompensa poderosa porque respondemos ao reconhecimento e ao incentivo. Conseguir ouvir aquele "Bom trabalho!" faz os gânglios basais muito felizes. Quando a pele humana toca a pele humana – pense em cumprimentar, dar um tapinha nas costas ou abraçar –, nosso cérebro libera oxitocina, uma substância química do bem-estar que os gânglios basais adoram.

E, naturalmente, prêmios, pontos e chocolate também funcionam. As recompensas não precisam ser grandes ou vistosas, só precisam marcar um sucesso e ser significativas para os viajantes. Se você não sabe o que poderiam ser, pergunte a eles. Ao discutir recompensas, vocês os envolve na resolução de problemas e aumenta a probabilidade de sucesso de sua jornada de mudança.

Ao longo dos anos, tenho visto equipes criarem todo tipo de recompensa. Por exemplo, tocar um gongo quando uma meta foi atingida ou ganhar estrelas douradas ou fichas azuis, que se tornam um símbolo de orgulho. Os vales-presente também são ótimos e podem variar de US$5 a US$5.000. Os modelos de maior sucesso parecem ter dois níveis. O primeiro inclui pequenas lembranças que marcam o reconhecimento ou o sucesso, como estrelas ou fichas de pôquer, "aplausos" gerais ou elogios eletrônicos. Devem ser distribuídos de forma abundante, mas autêntica. O segundo nível inclui prêmios especiais maiores que são dados a alguns poucos que mostram um desempenho exemplar, como o prêmio PEAK da T-Mobile. Este requer um processo de indicação de nomes e seleção porque é vital que o sistema pareça justo e reconheça com precisão as equipes e indivíduos com alto desempenho.

Reforçando mais uma vez, tudo isso será mais eficaz se refletir o que é mais significativo para seus viajantes.

Ferramentas de conexão: paciência e empatia

As ferramentas de conexão são poderosas porque ajudam a estabelecer a harmonia e a colaboração entre os seus viajantes. Como já sabemos, a mudança pode ser um processo disruptivo e difícil que pode desencadear preocupação, ansiedade e medo. O ato de passar pela mudança exige vulnerabilidade e assunção de riscos. Portanto, construir uma cultura de equipe de confiança e empatia é fundamental para trazer à tona o que há de melhor nos viajantes. Existem quatro ferramentas para utilizar.

Comece com empatia

Como o aspecto de transição da mudança é um processo emocional, a maior ferramenta de seu kit é a empatia. O Dr. Daniel Goleman, autor de *Inteligência emocional* e codiretor do Consórcio para a Pesquisa em Inteligência Emocional nas Organizações da Rutgers University, identifica a empatia como uma das habilidades essenciais para desenvolver relacionamentos com outras pessoas. A inteligência emocional é o que diferencia as pessoas altamente bem-sucedidas das outras.

De acordo com Theresa Wiseman, professora da Universidade de Southampton, a empatia tem quatro qualidades:

1. Ser capaz de ver o mundo como os outros o veem.
2. Ser imparcial.
3. Reconhecer os sentimentos dos outros.
4. Transmitir a sua compreensão dos sentimentos dessa pessoa.

A Dra. Brené Brown, estudiosa e autora de *A coragem de ser imperfeito*, diz que a empatia é "sentir junto com as pessoas". De fato, ela afirma que a empatia é muitas vezes um ato de vulnerabilidade porque, para fazer uma conexão autêntica com outra pessoa, temos que identificar esse mesmo sentimento em nós. Isso pode ser fácil para sentimentos como esperança e alegria, mas muito mais difícil para sentimentos como ansiedade, frustração e medo.

A empatia pode ser aprendida e, como líder, você deve aprendê-la se quiser apoiar seus viajantes e garantir o sucesso deles (e o seu). Você também pode ajudar os viajantes a desenvolver empatia para que se apoiem mutuamente. Eu incluo empatia e inteligência emocional em todos os meus programas de desenvolvimento de liderança e treinamento de gerentes, inclusive aqueles sobre mudança.

A empatia faz mais do que promover relacionamentos positivos. É um dos dois componentes principais que geram segurança psicológica.

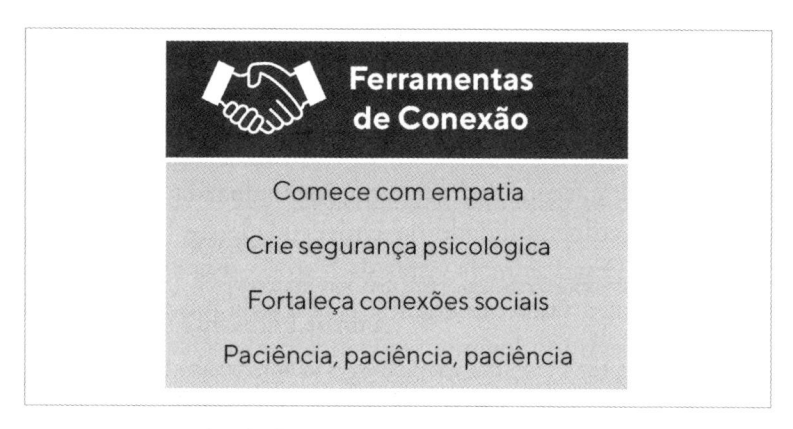

Ferramentas de Conexão

- Comece com empatia
- Crie segurança psicológica
- Fortaleça conexões sociais
- Paciência, paciência, paciência

O kit de ferramentas do líder para conexão

Crie segurança psicológica

O Google estudou centenas de suas equipes ao redor do mundo e constatou que a segurança psicológica era o que diferenciava as melhores equipes das demais. A pesquisadora de Harvard, Dra. Amy Edmondson, define segurança psicológica como "um sentimento de confiança de que a equipe não envergonhará, rejeitará ou punirá alguém por falar – é uma crença compartilhada pelos membros da equipe de que o grupo está seguro para assumir riscos interpessoais. Descreve um clima de equipe caracterizado pela confiança interpessoal e respeito mútuo em que as pessoas se sentem confortáveis sendo elas mesmas".

O estudo do Google identificou ainda que "as pessoas em si" de uma equipe não são relevantes – o "como" é que importa: não quem elas são, mas como trabalham em conjunto. Uma equipe produtiva desenvolve a segurança psicológica por meio da empatia e garantindo que todos os membros contribuam igualmente, permitindo que as ideias e pensamentos de cada pessoa sejam ouvidos e contribuindo para o sucesso coletivo do todo.

Se você estiver liderando uma jornada de mudança, ajude a criar segurança psicológica procurando construir uma cultura de empatia. Demonstre empatia ao interagir com seus viajantes e ajude-os a fazer o mesmo. Além disso, garanta que as reuniões permitam que cada pessoa seja ouvida e possibilite o compartilhamento igualitário. Não é suficiente apenas perguntar se alguém tem algo a dizer. Você tem que fazer com que seja seguro e fácil para que até mesmo os mais calados contribuam. Se precisar de ideias visite o site re:Work do Google (ReWork.WithGoogle.com), no qual eles compartilham as melhores práticas do estudo.

Se você ainda precisa de mais evidências, a segurança psicológica também cria mais dois efeitos poderosos. Em primeiro lugar, permite a vulnerabilidade. A Dra. Brené Brown é muito conhecida por sua pesquisa sobre vergonha e vulnerabilidade na Universidade de Houston. As suas duas palestras TED são as mais vistas da história. Ela afirma: "Deixe-me registrar e dizer que a vulnerabilidade é o berço da inovação, criatividade e mudança". Em segundo lugar, a segurança psicológica gera confiança e camaradagem, dois dos três componentes essenciais das organizações que fazem parte da lista "Ótimo lugar para trabalhar" (o terceiro é o orgulho). Se você deseja liberar o real potencial de seus viajantes, faça da segurança psicológica uma prioridade.

Fortaleça conexões sociais

A camaradagem é uma medida de conexão social. Somos programados para ser criaturas sociais. Segmentos inteiros de nossa biologia são dedicados a formar laços significativos com outras pessoas e, conforme aprendemos na seção II, a mudança pode muitas vezes afetar os mapas sociais construídos pelo córtex entorrinal. Além disso, a amígdala é mais reativa quando estamos em torno de pessoas desconhecidas, que podem ser percebidas como possíveis ameaças. É vital apoiar seus viajantes na construção de conexões sociais e camaradagem entre si o mais rápido possível. Isso dará frutos em várias frentes.

Algumas pessoas ridicularizam a formação de equipes e eu certamente já passei por minha cota de atividades estúpidas. Mas, quando bem feita, a construção de equipes é uma ferramenta poderosa para desenvolver harmonia, confiança e relações positivas. Também pode iniciar uma cultura de segurança psicológica e até mesmo proteger as pessoas da dor da exclusão social, visto que estamos biologicamente sintonizados com nosso status social. A Dra. Naomi Eisenberger, professora da UCLA, estuda esse fenômeno e afirma: "Nossa pesquisa mostrou que o sentimento de exclusão social ativa algumas das mesmas regiões neurais que são ativadas em resposta à dor física". Ela segue explicando que, no ambiente de trabalho, a exclusão social pode ser desencadeada por várias experiências comuns:

- Ser ignorado.
- Perceber que está sendo excluído de um grupo.
- Rejeição.
- Começar a trabalhar com uma nova equipe.
- Estar sozinho entre estranhos.
- Trabalhar em culturas diferentes da sua.

Nem é preciso dizer que todas essas experiências podem acontecer durante as jornadas de mudança. Como líder, você precisa identificar quando e onde as conexões sociais das pessoas provavelmente serão novas, tensas ou apagadas e ajudar a construí-las o mais rápido possível. Isso pode incluir a criação de experiências sociais para que o grupo se conheça em um ambiente descontraído e trabalhe junto em um subcomitê ou equipe, ou uma experiência formal de montagem de equipe. Insistindo mais uma vez, isso pode ser feito de forma lúdica e divertida e pode até ser aprimorado por meio de tecnologia e aplicativos. Muitas empresas estão agora criando almoços para encontros e proporcionando atividades divertidas em equipe, como caça ao tesouro com GPS ou jogos noturnos, para melhorar o networking e a camaradagem.

Paciência, paciência, paciência

A última e, talvez, a mais importante ferramenta em seu kit de conexão é a paciência. Ela é crucial porque liderar uma jornada de mudança pode ser um trabalho árduo. Além de suas próprias experiências pela iniciativa de mudança, você agora é responsável pelas experiências e pelo sucesso de seus viajantes. Você precisa fornecer estabilidade e orientação enquanto expressa simpatia e apoio. E, às vezes, os viajantes não mostrarão o apreço que você merece e podem até ser sarcásticos ou mal-humorados.

A paciência é uma ferramenta que você usará todos os dias, principalmente quando se aproximar do pico de sua jornada de mudança, e também perto do final, quando todos estarão perdendo o fôlego. Encontre maneiras de manter os pés no chão e de não perder o senso de humor. Faça parceria com outro líder para que vocês possam apoiar e orientar um ao outro, até mesmo se solidarizando quando necessário. E utilize as estratégias do Capítulo 16.

Mudança bem feita: três estudos de caso

Para ver alguns desses princípios em ação, vamos examinar três iniciativas de mudança bem-sucedidas.

Universidade da Califórnia: unindo serviços em uma época de cortes no orçamento

Como resultado de um contínuo déficit estadual, a Universidade da Califórnia sofreu cortes drásticos em seu orçamento operacional anual, o que forçou reduções em cada um dos dez Campus. Para cumprir as metas no campus de Santa Barbara, a Divisão de Assuntos Estudantis precisava fazer mudanças sem precedentes nos serviços oferecidos, mantendo ao mesmo tempo a qualidade do apoio aos 20 mil alunos matriculados. Além disso, precisava mudar vários departamentos para um único prédio, combinando equipes e serviços sempre que possível. A ansiedade estava alta, pois as pessoas se preocupavam com as demissões.

Embora pudesse ter sido um momento em que os departamentos competiriam entre si por recursos escassos, os líderes executivos da divisão decidiram criar uma oportunidade para melhorar a colaboração. Primeiramente, estabeleceram alguns objetivos claros que se tornaram muito conhecidos por todos os funcionários. Imprimiram em pôsteres, discutiram em reuniões e as pessoas receberam o reconhecimento por adotá-los.

Em seguida, coube aos diretores o poder de se envolverem na resolução conjunta de problemas sobre a melhor forma de usar o espaço total do edifício e o orçamento alocado, não mais "possuindo" uma determinada parte dele. Para tornar o processo seguro, os executivos deram a garantia de que todos manteriam seus empregos, mas agora com oportunidades de inovação com novas funções, programas e formas de trabalho.

Os diretores então delegaram poder aos funcionários para resolver problemas específicos por meio de grupos de projetos multifuncionais. Como resultado, as pessoas fizeram novas conexões sociais e criaram relacionamentos que levaram a novas ideias para colaborações.

Cada etapa do processo foi celebrada com encontros coletivos que contaram com humor, reconhecimento e sorvete. Embora o processo tenha sido árduo, os funcionários foram positivos, engajados e, por fim, criaram uma nova forma de trabalhar que manteve todos no emprego e prestando melhores serviços com mais eficácia.

Microsoft: maximização dos recursos globais

Enquanto crescia, esse gigante do software construiu uma força de trabalho global em mais de 100 países diferentes, representando quase a mesma quantidade de idiomas e culturas. Com o tempo, as equipes de desenvolvimento de software estavam operando em até quatro fusos horários distintos, dificultando a verdadeira colaboração. Como resultado, demorava mais para lançar produtos e atualizações em tempo hábil, afetando a experiência do cliente.

Os líderes executivos delegaram poder aos diretores para resolver esse problema. Os diretores se reuniram e identificaram alguns objetivos claros: (1) aumentar a velocidade para chegar ao mercado, (2) criar uma forma de melhorar as parcerias ao redor do mundo e (3) desenvolver medições claras do sucesso.

Em seguida, fizeram uma análise profunda dos dados em conjunto, verificando o estado atual das equipes e identificando os gargalos e os pressupostos que motivavam as práticas atuais. Eles assumiram a responsabilidade como grupo, o que exigia que abandonassem silos e territórios, encampando o bem maior dos clientes e da empresa.

Juntos eles conceberam e implementaram várias soluções. As equipes foram reconfiguradas para se alinhar melhor com a localização geográfica e fusos horários. Desenvolveram uma estratégia que aproveitou onde já existiam os melhores talentos em tecnologia, usando-os para moldar iniciativas de contratação e algumas aquisições direcionadas. Também criaram uma pontuação classificando as equipes em colaboração, liderança e eficiência. Todos esses esforços levaram a um prazo mais curto de lançamento no mercado e ao aumento da satisfação do cliente.

Boeing: inovando com um Novo Modelo de Treinamento[2]

A Boeing já estava no negócio de construção de aeronaves excepcionais e treinamento dos pilotos que as pilotavam e dos mecânicos que faziam a

---

2 Observação: este livro foi escrito antes do surgimento dos problemas com o avião 737 MAX. Infelizmente, anos depois, a história da Boeing mostra que ela não manteve esse nível de treinamento onde era mais importante. Mas espero que estejam se esforçando para retornar às suas raízes gloriosas.

manutenção. Surgiu uma oportunidade de fazer parceria com a Berkshire-Hathaway para separar a escola de treinamento e criar uma nova subsidiária que ofereceria treinamento global para tripulações de voo em todo o mundo.

A equipe de 400 pessoas estava bem inserida na cultura atual da Boeing, que é conhecida por sua precisão e adesão a elevados padrões. Porém, criar um novo modelo significa que os funcionários precisariam abraçar o espírito de empreendedorismo que focava a experiência do cliente de uma forma totalmente nova.

Os líderes sabiam que isso poderia gerar ansiedade na equipe, que poderia temer que o "novo" significasse perda de empregos. Então, em vez de focar a elaboração de um novo modelo de treinamento, eles se concentraram na pergunta: "Como tornar a experiência do cliente ainda melhor?".

Para gerar segurança e harmonia, os líderes entrevistaram cada funcionário, pedindo sua opinião sincera. Perguntaram aos funcionários sobre o que estava funcionando, pontos fortes que poderiam ser aproveitados e oportunidades para desenvolver algo melhor. Usando essas informações, os líderes elaboraram um plano "seguir em frente" que permitia ao grupo honrar o passado e, em seguida, criar "o novo nós".

Os líderes seniores também executaram um plano de comunicação bem concebido que fornecia informações consistentes e transparentes. Em cada estágio, os funcionários encontravam novos materiais em suas mesas, como livros relevantes ou adesivos com a nova declaração de missão e valores, que serviam de apoio à mudança para uma nova cultura e maneira de trabalhar.

Os funcionários receberam treinamento intensivo sobre liderança integrada, satisfação do cliente e novos métodos de instrução e colaboração, que serviram de apoio ao seu sucesso final.

Como você pode ver nesses estudos de caso, as pessoas em funções de liderança podem capacitar e empoderar os viajantes para passar por uma jornada de mudança com sucesso, não importando o quão íngreme seja.

18. O Processo do Guia

As jornadas de mudança são muito parecidas com caminhadas e escaladas reais que utilizo metaforicamente ao longo do livro. No entanto, fico surpresa com a quantidade de guias que embarcam em uma jornada de mudança sem a preparação ou plano adequados. É como fazer uma escalada no Monte Fuji sem treinar antes e deixando suas botas especiais e saco de dormir em casa. Você pode subir a montanha, mas é improvável que volte para casa vivo. Não é de admirar que tantas iniciativas de mudança não deem certo.

O processo do guia é crucial para o sucesso da jornada de mudança e o objetivo é fazer com que todos os viajantes superem o pico e voltem com segurança e, espera-se, felizes. Utilizar as ferramentas que discutimos no capítulo anterior – navegação, motivação e conexão – em graus variados, conforme necessário, servirá de apoio aos seus esforços.

Aqui está uma visão geral do processo do guia:

- Preparação para a jornada.
- Preparando os viajantes.
- Iniciando a jornada (fase de resistência).
- Aproximando-se do pico (fase de resignação).
- Ganhando impulso (fase de aceitação).
- Vendo a linha de chegada (fase de engajamento).
- Lidando com o inesperado.

Preparação para a jornada

O sucesso da jornada de mudança refletirá diretamente sua preparação. Para mudanças pequenas e rápidas (a pedra no caminho), a preparação será mínima. Mas, para os outros três tipos de jornadas de mudança (a caminhada longa e constante, a escalada rápida em uma colina íngreme e a subida longa e intensa), a preparação é fundamental para o seu sucesso. Isso pode parecer óbvio, mas a preparação precisa vir **antes** de começar a mudança real. Seus viajantes confiarão em você e, se você improvisar, isso aumentará a angústia em vez de diminui-la, ativando partes do cérebro que não são úteis para seus objetivos gerais.

Faça o que for preciso para se sentir tão sólido em seu plano a ponto de demonstrar calma e confiança. Se você já teve uma aula de esportes ou fez algum tipo de passeio guiado, sabe como isso é importante. Se o seu líder parecer disperso ou apressado, isso pode assustá-lo. Você precisa que os líderes saibam o que estão fazendo e façam com que você sinta que também consegue fazê-lo.

Na verdade, existe uma fonte biológica para isso. Dentro do cérebro temos neurônios espelho que disparam enquanto observamos outra pessoa realizar uma atividade ou sentir uma emoção. Neurocientistas como o Dr. Giacomo Rizzolatti, da Universidade de Parma, e o Dr. Marco Iacoboni, da UCLA, descobriram que os neurônios espelho desempenham um papel vital na forma como aprendemos, como entendemos as intenções dos outros e como sentimos empatia. Quando você vê alguém sob estresse, seus neurônios espelho de "sentir estresse" também disparam, criando uma sensação de estresse em seu próprio cérebro. E o inverso também é verdade – quando vê alguém parecendo calmo e confiante, isso acende calma e confiança em seu próprio cérebro.

Atuando como guia, seu humor, palavras e ações exercem um impacto profundo nos viajantes. Portanto, reserve um tempo para se preparar para a jornada. Certifique-se de saber o porquê da mudança e todos os elementos do plano de mudança. Teste os elementos do plano de mudança e pratique suas mensagens. Se algumas partes não estiverem claras, faça perguntas. Se achar que algo não vai funcionar, fale. E, se precisar de mais apoio, solicite. Lembre-se de que o objetivo é demonstrar naturalmente calma e confiança porque você está genuinamente preparado e pronto para liderar.

Outro aspecto da preparação é definir a rota. Deve estar pronta para os viajantes para que, quando comecem a jornada, possam facilmente seguir seu caminho sem tropeçar desnecessariamente. Muitas pessoas acham que as iniciativas de mudança fracassam por causa de circunstâncias grandes e imprevistas. No entanto, a verdade é que a maioria fracassa por pequenos motivos: coisas que poderiam ter sido evitadas facilmente ou corrigidas se alguém tivesse feito um trabalho melhor de estabelecer a rota com antecedência.

Todos esperam uma preparação cuidadosa da rota quando estão participando do Tour de France ou tentando escalar o Monte Everest. Muito antes de os viajantes realmente chegarem, a quilometragem é calculada, mapas são elaborados, placas são penduradas e estações de água, descanso e comida são instaladas. A quantidade de apoio necessário depende do esforço físico exigido e da duração da jornada. Por exemplo, estações de água e alimentos são colocadas com mais frequência para uma maratona do que para uma caminhada beneficente. Para o California AIDS Ride tínhamos dormitórios, caminhões com chuveiros, postos médicos e até mesmo entretenimentos espaçados e organizados para que os ciclistas tivessem apoio para o sucesso desde o sino de abertura até o último participante cruzar a linha de chegada 7 dias e 900 quilômetros depois.

Para mudanças no ambiente de trabalho isso poderia se traduzir em coisas como:

- Planos de ação e cronogramas detalhados.
- Placas e cartazes com mensagens fundamentais.
- Sites e aplicativos.
- Comunicação em grupos grandes e pequenos, como e-mails e reuniões gerais.
- Agendas de reuniões.
- Treinamento (sessões presenciais, vídeos online, documentação).
- Coaching.
- Reconhecimento, recompensas e celebrações.

Em termos ideais, outros líderes em sua organização estão pensando nessas coisas e a jornada de mudança reflete um planejamento cuidadoso e o nível certo de apoio. Em caso afirmativo, você só precisa fazer sua parte e guiar seu grupo de viajantes durante a jornada. Você ficará mais confiante se percorrer a rota à frente deles, certificando-se de que tudo está pronto. E então volte e lidere com confiança. Ou, se descobrir que o planejamento correto e o apoio ainda não estão prontos, fale! Sua preparação pode ser simplesmente aquilo que desencadeia uma melhor jornada de mudança para todos.

E não fique limitado pelo que é fornecido a você. Se algo estiver faltando, inove algumas soluções. Você pode facilmente elaborar seus próprios mapas, sinalizações e estações de apoio. Pode até capacitar alguns dos viajantes para ajudar nisso. Pegue seu pessoal mais forte e mais experiente para formar uma equipe de apoio, pensando alguns passos à frente na jornada. Isso se transforma em uma experiência de resolução de problemas para eles e também tira um pouco de sua carga de trabalho.

Por fim, a preparação também inclui ficar pronto para a jornada. Você também passará pela jornada de mudança, além da carga de trabalho de liderar, orientar e resolver problemas. Precisará de inteligência emocional para lidar com os vários sentimentos desafiadores que surgirão e de paciência para o processo.

Pense naquilo que pode lhe ajudar a se sentir calmo e com os pés no chão e faça mais dessas coisas. Aumente o seu autocuidado, certificando-se de dormir bastante e ter uma boa nutrição. E, se ainda não explorou os benefícios da atenção plena, eu recomendo que o faça.

Preparando os viajantes

Outro elemento fundamental é preparar seus viajantes. Antes de iniciar a caminhada, dê uma olhada em seu grupo. Eles estão em forma? Avalie a motivação deles para esta jornada. Você tem pessoas que correrão em direção à mudança com entusiasmo e energia? Tem alguns que estarão ativamente fincando os pés no chão? Simplesmente não faz sentido ignorar a motivação deles porque isso afetará o grupo todos os dias de forma ativa.

Você também pode avaliar se estão carregando uma carga pesada que precisa ser levada em conta. Independentemente de nossa motivação, aspectos de nossas vidas pessoais também afetam nossa capacidade de avançar facilmente pelas mudanças. Por exemplo, um funcionário que está se recuperando de uma doença ou lesão provavelmente terá menos energia. Assim como um novo pai ou mãe que está sobrecarregado e passando por noites sem dormir.

Penso nessas coisas como pedras em uma mochila. Não consigo necessariamente retirá-las, mas ajuda saber quem está sob mais estresse e carregando uma carga mais pesada que os outros. Se houver algo que possa fazer para ajudar a aliviar a carga, eu tento. Às vezes, pequenas mudanças nos projetos, horas de trabalho ou recursos podem fazer toda a diferença. É aqui que você também pode usar o sistema de camaradagem. Se as pessoas formarem duplas ou equipes pequenas, podem ajudar umas às outras.

Caso faça isso, certifique-se de que as pessoas com mochilas pesadas formem pares com colegas que tenham margem de tolerância de sobra.

Depois de avaliar a equipe, pense no que pode fazer para deixá-los prontos. Em escaladas e caminhadas reais, as pessoas treinam para aumentar a força física. Elas se exercitam, treinam e se alongam. Como seria isso para uma mudança no ambiente de trabalho? Talvez ajudá-los a aprender algumas habilidades de gerenciamento de tempo agora realmente valha a pena para quando estiverem próximos do pico da montanha. Talvez desenvolver um pouco de confiança e harmonia agora os ajude a se apoiarem uns nos outros quando estiverem cansados e frustrados. Talvez incentivá-los a parar um pouco e descansar resulte em um retorno dez vezes maior em apenas algumas semanas.

Pense nas habilidades, hábitos e relacionamentos que precisarão para ter sucesso e comece a desenvolvê-los agora, antes de iniciar o caminho. E, quando possível, deixe sua equipe ser informada sobre a jornada com antecedência. Caso saibam o destino, a rota e o cronograma, podem se tornar participantes ativos em sua própria preparação, até inovando em soluções que aumentem o sucesso de todo o grupo.

Iniciando a jornada: fase de resistência

Começando um percurso, tenha algumas coisas em mente ao guiar as pessoas nesses estágios iniciais (apenas um lembrete: realmente não precisamos nos preocupar com a resistência nas mudanças da "zona verde", de pedras no caminho; mas, para as outras três jornadas, esteja atento a essas fases fundamentais). Normalmente, o início da jornada é quando encontramos alguma resistência. Os humanos são programados para resistir às mudanças; assim, não importa o quanto tenha sido bem feito o trabalho de preparação, reclamações ainda acontecerão. Eles questionarão a mudança, se preocuparão com as possíveis perdas e provavelmente terão fortes emoções, sobretudo se for uma jornada mais íngreme ou se estiverem passando por várias jornadas de mudança simultaneamente.

Sua melhor estratégia é comunicar-se com antecedência e com frequência, sendo o mais transparente possível. Compartilhe o porquê, quando e como e trate os viajantes como participantes. Se houver alguma parte da experiência que eles possam conceber, deixe que concebam. Isso funciona muito melhor do que quando os líderes, desbravadores e guias fazem tudo.

De fato, estudos mostram que, quando as pessoas escolhem por si mesmas, elas se comprometem muito mais com o resultado, por um fator de cinco para um. Se não podem escolher a mudança, então deixe-os escolher o máximo possível de aspectos da jornada de mudança.

Algumas possibilidades a considerar:

- Criar um mapa e atualizar o progresso de uma forma que seja visível para a equipe.
- Identificar marcos importantes e planejar a celebração de eventos.
- Criar recompensas significativas.
- Estabelecer um sentimento de identidade, talvez com um nome da equipe ou mascote.
- Criar uma forma negociada de lidar com o conflito.
- Tornar a experiência lúdica – ela pode ser feita mais rápido ou melhor?
- Conceber maneiras de incluir autocuidado, atenção plena e brincadeiras na jornada.
- Mostrar determinação (deixe-os descobrir o que querem e precisam).

Quando resmungam, ouça. E ouça com atenção, pois provavelmente estão compartilhando preocupações sobre o que podem perder. Quanto mais você conhece os seus medos, melhor pode acalmá-los. É muito comum que as pessoas se preocupem com as questões que já discutimos, como autonomia, domínio do assunto e propósito, bem como status, certeza, relação e fazer justiça. Em seu livro *Mais forte do que nunca*, a Dra. Brené Brown diz que, em tempos de mudança, as pessoas têm medo da irrelevância. Todos nós queremos ser importantes e todos queremos ser vistos e ouvidos.

Portanto, veja-os e ouça-os. Deixe-os saber que são importantes. Isso não significa fazer falsas promessas, mas ter empatia por suas preocupações ajudará muito na transição psicológica. E gerará confiança e harmonia.

Sempre lembro aos líderes e guias que as reclamações dos viajantes não são um reflexo da **sua** liderança, são apenas pessoas sendo humanas. Demonstrar paciência e empatia ajuda muito o grupo a se sentir mais seguro e calmo.

Forneça orientação consistente e confiável, demonstrando calma e confiança. Agora é o momento de fazer com que eles confiem na corda-guia que você está construindo para que eles possam segurá-la durante os momentos difíceis.

Aproximando-se do pico: fase de resignação

Nesta fase você superou os resmungos iniciais, mas, conforme a subida vai ficando mais íngreme ou leva muito tempo, as pessoas podem ficar frustradas ou até mesmo deprimidas. Elas ainda não atingiram o pico onde veem os possíveis benefícios, de modo que pode ser útil lembrar-lhes o porquê e todas as boas coisas que estão por vir.

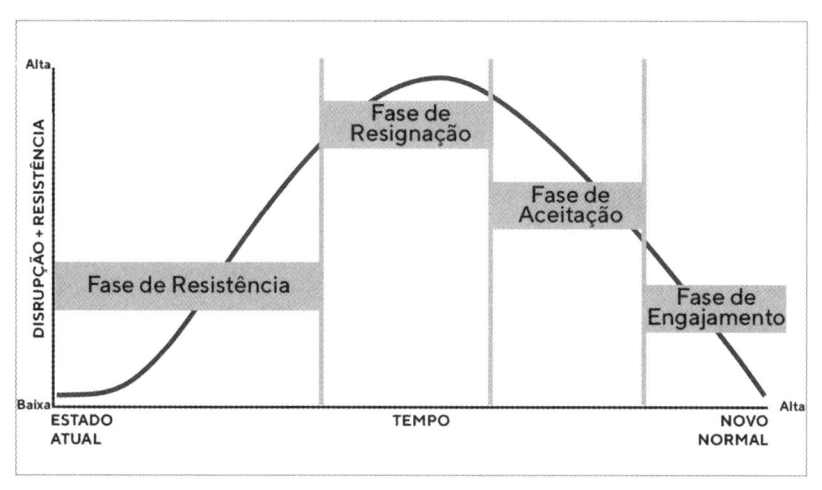

As fases da jornada de mudança

Sua liderança neste estágio é crucial, mas não pode ficar tão fora de sintonia com as emoções deles a ponto de você parecer insensível ou sem noção. Recomendo ter uma reunião ou comemoração que reconheça o que já conquistaram. Reconheça a atuação das pessoas e faça com que elas se reconheçam entre si, e encontre um modo de fazê-lo que corresponda ao caráter do grupo. Se eles gostam de bobagens, faça bobagens. Se forem mais sérios, faça de forma séria. Se não tiver certeza, pergunte-lhes.

Este é um ótimo momento para pedir às pessoas que compartilhem histórias do que está funcionando. Essas histórias podem ser a respeito do que está funcionando com a mudança. Ou do que está funcionando com a forma como estão avançando durante uma jornada difícil. Ou até mesmo de como superaram um obstáculo. Ilumine todas as coisas boas que você pode encontrar para animar o grupo e criar uma experiência positiva para o cérebro.

Esta é, na verdade, uma forma de investigação positiva, um método que naturalmente traz à tona o que há de melhor em um grupo por meio de um processo colaborativo. Depois de comemorar, diga-lhes que estão chegando perto do pico e pergunte o que precisam para o próximo impulso. Faça-os se envolver com a jornada e pense no que os ajudaria. Então, dê o seu melhor para fornecer. Você também pode precisar de um encorajamento nesse estágio e, assim, considere encontrar-se com outros guias, apoiar uns aos outros e também comemorar seus sucessos.

E seja sempre aquela presença constante e calma, aquela corda-guia forte que eles podem segurar à medida que continuam avançando.

Ganhando impulso: fase de aceitação

A esta altura você já superou o obstáculo da resistência, o que é bom, mas não baixe a guarda. Ainda é uma fase muito vulnerável, de modo que você deve cuidar do impulso à medida que ele continua a aumentar.

Continue sendo a presença constante e calma, compartilhando o porquê e o como da jornada. Nesse estágio as pessoas costumam ter muitas perguntas, de coisas sobre as quais você provavelmente já conversou. Mas, uma vez que agora estão psicologicamente a bordo, elas terão um interesse renovado sobre o motivo da mudança, e podem estar prontas para acrescentar suas próprias ideias e sugestões.

Os líderes e guias podem ficar um pouco frustrados aqui, pois vai parecer que as pessoas não prestaram atenção a toda a ótima comunicação que fizeram. Respire fundo e aumente sua paciência. Lembre-se de que eles estão apenas sendo humanos. E é realmente um sinal positivo, pois as perguntas são evidências de que fizeram a curva e agora procuram os ganhos em potencial. Ouça e responda. E não se preocupe, porque rever esses tópicos não fará com que o grupo retroceda. Na verdade, esse é um ótimo momento para ouvir com ainda mais atenção, pois eles muitas vezes verão problemas que precisam ser resolvidos ou terão ideias que devem ser implementadas. Algumas das melhores inovações surgem nesse estágio de uma jornada de mudança, mas somente se os guias ouvirem.

Essa também é a fase em que você provavelmente começará a implementar novos comportamentos. Procure usar treinamentos para construir essas repetições. Aqui é quando as pessoas tendem a fracassar; portanto, crie um ambiente em que não há problema em cometer erros e procure aprender com esses reveses.

Em algum lugar perto do fim dessa fase faça outra reunião de comemoração, reconhecendo a atuação das pessoas e destacando todo o bom trabalho que fizeram ao embarcar e avançar. Isso ajuda o cérebro a ver outra recompensa positiva na mudança.

Vendo a linha de chegada: fase de engajamento

Nessa fase você pode achar que acabou, mas não é verdade; portanto, resista à tentação de voltar sua atenção para outras coisas. Enquanto seus viajantes estão a bordo e ganhando velocidade, mantenha a corda-guia no lugar e garanta que eles completem a jornada. Nas escaladas e caminhadas, essa é a parte mais perigosa da expedição. Como a parte difícil já passou, as pessoas podem perder o foco e assumir riscos desnecessários, ainda mais porque a fadiga do esforço está se instalando. Infelizmente, a maioria das mortes no alpinismo ocorre depois que as pessoas chegaram ao cume e começam a descer.

Você certamente pode assumir um ar de comemoração, mas mantenha a presença constante e calma. Este é um ótimo momento para reorientar as pessoas em direção à linha de chegada. Seja claro sobre o que significa concluir a iniciativa de mudança e quais métricas são importantes. Muitas iniciativas de mudança realmente fracassam nesse estágio porque não chegam à conclusão. Os líderes presumem erroneamente que, como o grupo chegou "tão perto", ele naturalmente continuará até terminar.

Mas a realidade é que, a essa altura, a equipe recebeu a tarefa de outras mudanças e iniciou novas jornadas. E como essa parece "resolvida", os guias partem para ouras escaladas e os desbravadores começam a fazer as malas, ameaçando o sucesso da jornada e negando aos viajantes a satisfação de uma comemoração final. O cérebro precisa desse sentimento de conclusão para codificar a mudança como um sucesso. E, se desmoronar nesse estágio, a organização terá investido tempo e dinheiro em algo que não teve sucesso, e os viajantes ficarão marcados com um fracasso, apesar do grande trabalho que fizeram. Portanto, continue guiando até que o último viajante cruze a linha de chegada e a jornada de mudança esteja oficialmente encerrada.

Em seguida, encerre formalmente a experiência para as pessoas. Não deixe que isso se torne algo que nunca é agendado porque trata-se de um elemento importante da ciência do cérebro da mudança. Se houve fracassos e desafios, tudo bem. Aprender é uma parte importante de como podemos melhorar; então, faça uma reunião em que você fale sobre o que aconteceu e o que deveria ter mudado. Recomendo que faça uma reunião *post-mortem* avaliando a mudança e os resultados. E um evento separado para celebrar a jornada e os viajantes.

Uma observação sobre celebrações. As celebrações podem acontecer de todo tipo de formas, desde uma pausa casual (pense em uma festa de pizza, cervejada ou discoteca silenciosa) ou uma aventura externa (como boliche ou caça ao tesouro com GPS) até algo elaborado e caro (jantar de premiação ou viagem a Las Vegas ou Havaí). A característica mais importante é que estejam alinhadas com a cultura e o contexto dos viajantes. Algumas das cenas mais ridículas de seriados de televisão como *The Office* e *Superstore* são quando o chefe está "celebrando" a equipe de uma forma totalmente equivocada. É por isso que recomendo que você peça aos viajantes que planejem as recompensas e celebrações, porque assim você saberá que não terá erro. Dê-lhes um orçamento e deixe-os criar o que os fará se sentir reconhecidos.

Lidando com o inesperado: obstáculos, tempestades e deslizamentos de terra – minha nossa!

Na realidade, poucas (ou nenhuma) jornadas de mudança acontecem como planejado. Mesmo quando os planejadores da expedição, desbravadores, guias e viajantes fazem um trabalho fenomenal, coisas inesperadas acontecem. E os melhores líderes de mudança planejam para o inesperado.

Com o modelo Jornada de Mudança™, você já terá considerado os problemas comuns, como o que se pode esperar ao levar um grupo altamente resistente em uma jornada de escalada longa e íngreme. Ou ter um grupo de viajantes que não possui as habilidades necessárias para ter sucesso na trilha a ser percorrida. O modelo permite que você avalie e preveja, o que ajuda para que suas expectativas se tornem mais precisas. E as estratégias que apresentei na seção anterior devem ajudá-lo a lidar com muitos problemas em potencial. No entanto, desafios inesperados geralmente vêm de fontes não previstas e podem ameaçar o sucesso de toda a jornada de mudança ou o sucesso de um grupo de viajantes. Tenho observado que parecem se enquadrar em três categorias e sua resposta a cada uma deve ser um pouco diferente, pois os danos que causam também podem variar.

Obstáculos

Às vezes algo cai na trilha e impede seus viajantes de seguirem em frente até que seja resolvido. Os obstáculos não afetam a jornada geral de mudança, de modo que o objetivo e o caminho permanecem os mesmos, mas você ainda precisará responder ao bloqueio, possivelmente escalando-o ou fazendo um pequeno desvio.

O impacto de um bloqueio depende de sua equipe e do cronograma, bem como do tamanho do obstáculo. Eu penso nisso como uma pedra na trilha. Viajantes experientes que estão altamente motivados para a jornada podem lidar com isso antes mesmo de você saber que aconteceu. Se o obstáculo for grande, eles podem precisar parar e traçar a melhor solução para superá-lo ou contorná-lo. Mas um obstáculo pode desmotivar por completo viajantes altamente resistentes ou aqueles que carregam mochilas pesadas, fazendo-os recair em algumas emoções negativas. Dependendo de quanto tempo leva para ser resolvido, um bloqueio também pode afetar o cronograma, seja fazendo com que a jornada demore mais, seja forçando uma inclinação mais íngreme.

Aqui estão alguns exemplos de obstáculos:

- Um fornecedor está atrasado na entrega de um componente.
- O custo de um recurso necessário acaba de aumentar.
- O processo ou produto de outra equipe ainda não foi concluído.
- Um guia ou participante importante deixa a equipe ou a empresa.
- Uma diferença regional não foi levada em conta.
- Um desbravador não preparou adequadamente um recurso necessário.

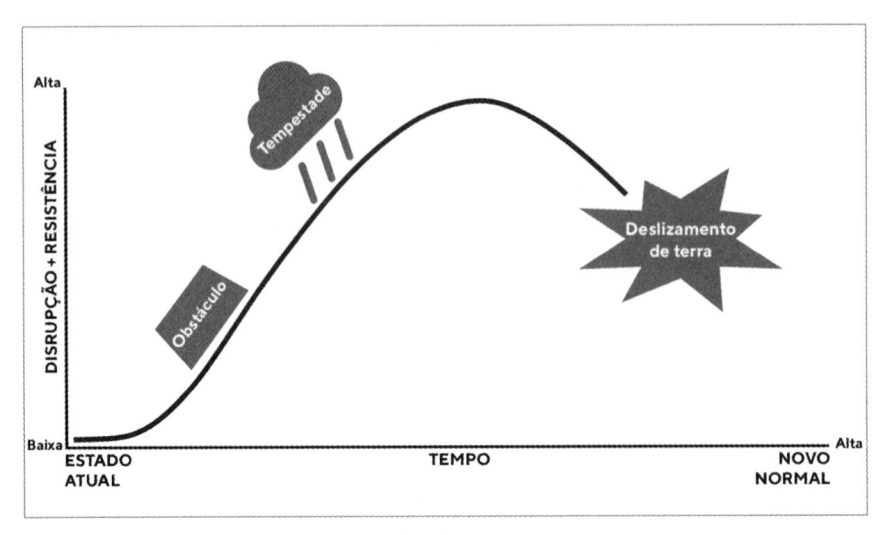

Tipos de desafios inesperados

Como guia, você precisa ser uma presença constante e calma. Se detectar o obstáculo no horizonte, quanto mais cedo informar à equipe, melhor. Se a equipe suspeitar que você ocultou informações, isso pode prejudicar seu relacionamento com o grupo.

Minha maneira favorita de lidar com um obstáculo é transformá-lo em um desafio de resolução de problemas. Faça com que os viajantes assumam a liderança na busca da melhor solução, pois provavelmente terão ótimas ideias e se sentirão mais empoderados. Depois de superar o obstáculo, comemore o sucesso e o trabalho em equipe.

Tempestades

O segundo tipo de desafio inesperado é como uma nevasca ou tempestade de areia. As tempestades são algo que vem de fora e cai sobre a jornada e os viajantes. De novo, os parâmetros da jornada de mudança não se alteram, mas a tempestade definitivamente afeta o cronograma porque seus viajantes precisarão sentar e esperar. Uma diferença entre uma tempestade e um obstáculo é o tempo – as tempestades demoram mais para se resolver, tendendo a interromper o ímpeto de avanço do grupo. A segunda diferença é que você e os viajantes não têm nenhuma ação a tomar, pois precisam esperar que **outros** resolvam a tempestade para você.

Aqui estão alguns exemplos de tempestades:

- Entra em vigor uma nova política ou regulamentação que precisa ser analisada pelos planejadores/líderes.
- Uma pessoa ou grupo levanta preocupações sobre as mudanças que precisam ser resolvidas pelos planejadores/líderes.
- Um processo ou tecnologia não é configurado corretamente e levará tempo para consertar.
- Ocorre uma mudança no mercado, mas é provável que se recupere em um futuro próximo.
- Um planejador/líder faz uma mudança significativa que precisa ser trabalhada.

Quando cai uma tempestade, mantenha a presença constante e calma, conversando sobre a situação. Conforme mencionado, quanto mais cedo você puder informar que uma tempestade está a caminho, melhor. Seu valor como guia será menos notado se você anunciar a tempestade quando já estiverem enterrados sob um metro de neve. Avisá-los com antecedência permite que se preparem física e mentalmente.

O impacto da tempestade no grupo realmente depende de como você lida com isso. A experiência compartilhada pode unir os viajantes, mas não é incomum que a ansiedade e o conflito adicionais dividam o grupo. Obviamente, o primeiro é o preferido. Seja transparente sobre o que sabe e quanto tempo espera que a tempestade dure, e aborde como esse atraso os afeta e se isso tem impacto sobre como o desempenho deles será visto. A amígdala criará ansiedade sobre essa mudança dentro da mudança. E a habênula pode causar mais preocupação com fracasso e culpa. Não há nada mais estressante para um grupo do que ser impedido de ter sucesso, e ainda assim ser responsabilizado pelo resultado. Você provavelmente ouvirá muitas perguntas e comentários a esse respeito, de modo que venha preparado com respostas.

Felizmente, é improvável que você esteja na encosta de uma montanha real construindo um iglu para se proteger de uma tempestade de neve. Assim, seus viajantes podem provavelmente usar a tempestade como uma pausa nessa jornada específica para se concentrarem em outros trabalhos, principalmente se estiverem também em outras jornadas. Pode ser bom ajudá-los a descobrir como usar melhor o tempo e a energia até que a tempestade passe.

Quando as coisas começarem de novo, reúna o grupo para informar o que causou a tempestade (se eles ainda não souberem), ajustando o mapa e o cronograma. Se muito tempo se passou, você pode precisar reorientá-los para o objetivo e avaliar a motivação geral, pois as coisas podem ter mudado nesse ínterim. Restabeleça a corda-guia, marque onde você está na rota e recomece. Não espere que simplesmente voltem para onde estavam antes. Provavelmente precisam se aquecer e ganhar impulso de novo. Se puder, reconheça e celebre a adaptabilidade deles.

Deslizamentos de terra

O último tipo de desafio inesperado varre completamente o grupo da montanha, criando um fim repentino para a jornada de mudança. São mudanças significativas no cenário que não afetam apenas esta jornada de mudança, mas provavelmente várias outras coisas sobre o ambiente de trabalho.

Alguns exemplos de deslizamentos de terra:

- O colapso financeiro de sua organização.
- Uma fusão ou aquisição.
- Uma eleição, ação judicial ou regulamento.
- Um desastre natural ou geopolítico.

Os deslizamentos de terra são os mais desorientadores porque criam mudanças sísmicas repentinas fazendo provavelmente com que os viajantes fiquem atordoados. Colocam um fim óbvio a essa jornada de mudança e lançam uma inteiramente nova.

Como seus viajantes estão provavelmente passando por choque e confusão, é útil reuni-los e manter seu papel como guia. Ajude-os a compreender e processar essa mudança e permita que façam perguntas. Você pode aproveitar a conexão da equipe e o tempo juntos para criar alguma estabilidade em torno da nova mudança maior que causou o deslizamento de terra.

Pode ser útil compartilhar o porquê, se você souber, e ajudá-los a ver a rota ou o mapa. Se não sabe ou não pode compartilhar, diga que mais informações virão em breve e peça que tenham paciência. Lembre-os de que este pode ser um bom momento para usar a troika de autocuidado, atenção plena e brincadeira e, se possível, organize algumas opções de atividade no escritório (por exemplo, jogos, aula de meditação, lanche coletivo) para tirar a mente das pessoas do desconhecido. E ainda encerre reconhecendo e celebrando as realizações da equipe na jornada de mudança original.

Sua Jornada de Aprendizado

Para ajudá-lo a ter sucesso nas jornadas de mudança que estão por vir, aplique estas ferramentas para criar seu próprio plano pessoal de sucesso na mudança:

- Faça seu inventário da mudança. Registre os principais insights.
- Identifique maneiras pelas quais você pode aumentar o seu autocuidado, envolver-se em práticas de atenção plena e programar um tempo para brincar.
- Explore as dez opções para ser um participante ativo. Identifique algumas ações específicas que você pode realizar nas próximas semanas para ter sucesso.
- Quer você seja um viajante, quer seja um guia, explore as ferramentas para navegação, motivação e conexão. Identifique algumas ferramentas de cada categoria que sejam úteis para você. Deixe claro como poderia criá-las ou usá-las.
- Como a segurança psicológica é crucial para o sucesso de todo grupo, identifique algumas maneiras pelas quais você pode ajudar a desenvolver mais segurança psicológica com sua equipe/colegas.
- Quer você seja um viajante, quer seja um guia, explore o processo do guia. Identifique algumas estratégias de cada fase que seriam úteis para você. Explique como pode criá-las ou usá-las.

V

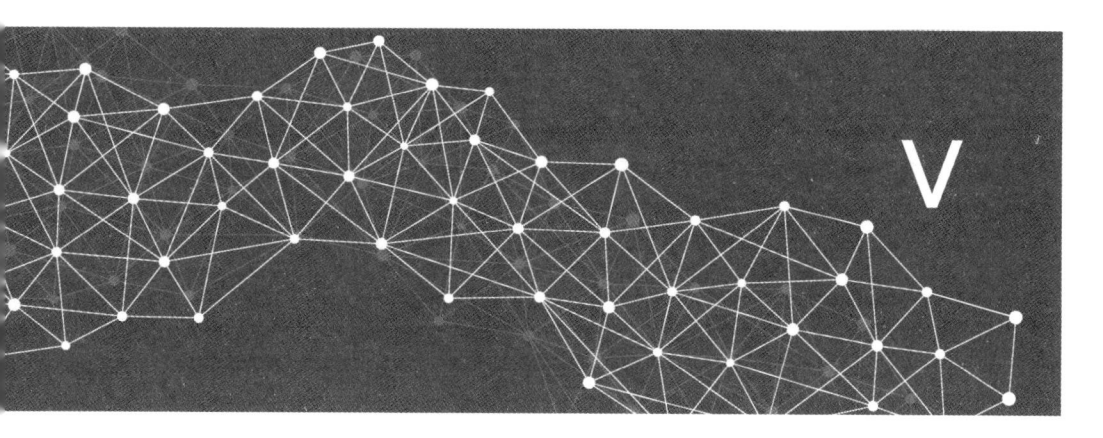

O CAMINHO A FRENTE: CRESCIMENTO ORGANIZACIONAL + CONSCIÊNCIA

"Em tempos de mudança, os que aprendem herdam a Terra; enquanto o resto se encontra equipado para lidar com um mundo que não existe mais."

Eric Hoffer, filósofo e autor,
Reflections on the human condition
(Reflexões sobre a condição humana, em tradução livre)

19. Crescimento Organizacional: A Curva de Greiner

A mudança pode parecer implacável e caótica, mas há um método na loucura. Em todos os meus anos de consultoria, comecei a ver os mesmos problemas repetidamente, embora trabalhasse com diversos setores econômicos. Os mesmos desafios surgiam e as soluções também eram semelhantes. De forma muito parecida com Bill Murray no filme *Feitiço do Tempo*, eu podia assustadoramente prever o que estava por vir e quando.

Isso porque as organizações crescem e mudam de formas previsíveis, passando por estágios de desenvolvimento e níveis de consciência. Toda jornada traz uma série de mudanças previsíveis à medida que as organizações procuram resolver problemas comuns de crescimento. Muitos acadêmicos estudaram o crescimento e o desenvolvimento das organizações e considero essas informações de inestimável valor para o meu trabalho de consultoria.

Meu modelo favorito de crescimento organizacional é a Curva de Greiner. Identificar o estágio de desenvolvimento de sua organização e, mais importante ainda, o estágio em que está entrando, ajuda a antecipar as mudanças que virão em sua direção. Em sua pesquisa, o Dr. Larry Greiner, professor na Marshall School of Business da USC, identificou que as organizações passam por seis fases distintas em função de sua idade e tamanho. Mas as organizações passam pelas fases em ritmos radicalmente diferentes. Por exemplo, uma grande instituição financeira tradicional terá uma progressão muito mais lenta e suave do que uma startup de tecnologia de rápido crescimento. O tempo em cada fase pode variar de meses a décadas – a velocidade é ditada pela rapidez com que você contrata e acrescenta mais funcionários, tornando sua organização maior.

Cada estágio de crescimento acaba levando a um ponto de crise quando a estrutura atual não consegue mais dar conta do que a organização precisa para crescer, e esses pontos de crise forçam a mudança, transformando a organização para a próxima fase. A organização pode então passar por um período de relativa estabilidade até atingir o próximo ponto de crise. Esses períodos de estabilidade podem variar de meses a décadas, mas, inevitavelmente, o crescimento em tamanho conduz para o próximo ponto de crise e para a transformação.

À medida que descrevo as seis fases, veja se você consegue identificar a posição atual de sua organização na Curva de Greiner.

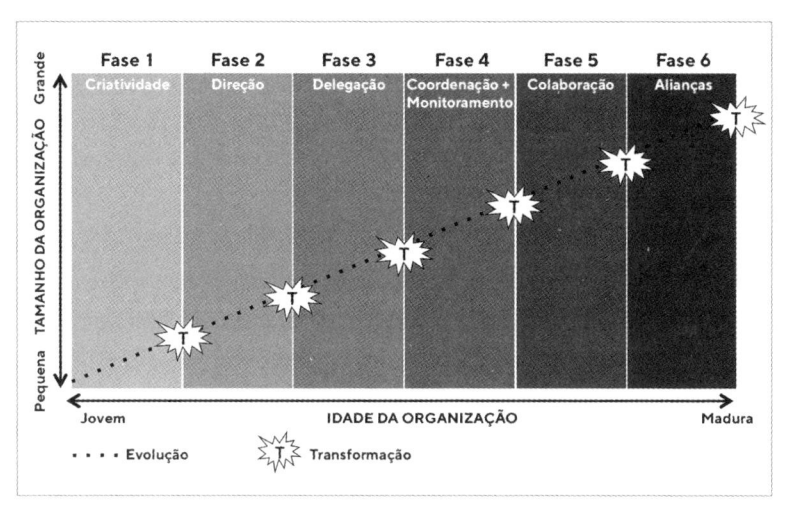

A Curva de Greiner

Fase Um: crescimento por meio da criatividade

É quando os fundadores constroem a organização. A organização é pequena, de modo que as pessoas exercem muitas funções e a comunicação é espontânea e informal. As pessoas se conhecem e trabalham juntas, o que geralmente gera grandes níveis de confiança e segurança psicológica, e por vezes brincadeiras e diversão. Como o pequeno grupo identifica a necessidade e concebe as mudanças, além de implementá-las, há pouca resistência e grande motivação. Essa equipe se move com rapidez para resolver problemas e raramente existe tomada de decisão hierárquica. Trata-se de um momento muito criativo em que há fracassos e vitórias rápidas. Não existem processos formais.

Conforme a organização fica maior e acrescenta mais funcionários para lidar com seu sucesso crescente, isso leva ao ponto de crise de liderança, em que é necessário trazer uma gestão profissional para ajudar a executar as várias funções, como finanças, marketing e recursos humanos. As necessidades da organização cresceram além do que o grupo original pode fornecer. Psicologicamente, essa equipe original pode ficar desapontada com o fato de que as coisas começam a ficar diferentes. A sensação de segurança de uma família pequena e íntima pode começar a mudar.

Fase Dois: crescimento por meio da direção

Novos líderes são contratados para administrar as várias funções. É provável que você veja muitas mudanças ocorrendo nas funções à medida que cada líder tenta colocar sua parte da casa em ordem e prepará-la para o crescimento futuro.

Este pode ser um momento difícil para os funcionários antigos que estiveram lá desde o início, pois provavelmente tinham ideias sobre as mudanças necessárias. Também podem se sentir rebaixados se não se reportarem mais aos fundadores ou não forem ouvidos por eles.

Os novos líderes tendem a contratar pessoas com quem já trabalharam antes, o que tem suas vantagens, mas também pode prejudicar os relacionamentos existentes. Como a organização ainda é bastante pequena, os líderes acreditam que as iniciativas de mudança podem ser lançadas rapidamente, sobretudo porque sentem uma urgência de "colocar as coisas em ordem". É importante que esses líderes sejam sensíveis e se concentrem em aumentar e melhorar, em vez de constantemente apontar o que está errado.

Ao mesmo tempo, a organização está se concentrando no desenvolvimento de novos produtos e serviços para ganhar suficiente participação de mercado para ser viável em longo prazo. É provável que a equipe original proteja o que construiu, mesmo sem poder crescer em escala, e possa relutar em diversificar seus produtos e serviços. Em algum ponto, novamente meses ou décadas depois, a escala das ofertas fica grande demais para os líderes monitorarem, o que gera o ponto de crise de autonomia, em que o trabalho e a autoridade precisam ser delegados a outros.

Fase Três: crescimento por meio da delegação

Isso leva à terceira fase, em que camadas de hierarquia são acrescentadas e a autoridade é delegada. As funções começam a ser segmentadas em níveis, como diretor sênior, diretor e diretor assistente. A alta administração fica menos envolvida com os detalhes do dia a dia e volta seu foco para a estratégia de longo prazo da organização – pelo menos, esse é o objetivo. Mas no início dessa fase pode ser um pouco confuso, pois os novos líderes podem ainda não estar prontos para assumir as rédeas, ou os principais líderes relutam em abrir mão e acabam por microgerenciar suas funções. Os principais líderes podem precisar mudar para funções menores ou sair da organização, já que o crescimento e as necessidades da empresa muitas vezes ultrapassam suas capacidades atuais e habilidades de liderança.

As mudanças durante essa fase incluem todos os tipos de redesenho organizacional e alterações nas estruturas de subordinação. Isso gera mudanças em muitas das funções de suporte administrativo, como finanças, RH, instalações e tecnologia para acompanhar o aumento do número de funcionários. No final, as coisas se acalmam e a organização se acomoda em certa estabilidade.

Com o tempo, o tamanho da organização começa a pressionar as políticas atuais e os canais de comunicação, gerando o ponto de crise de controle, em que as diferentes partes da organização precisam trabalhar melhor em conjunto.

Fase Quatro: crescimento por meio da coordenação e do monitoramento

Isso conduz à quarta fase, em que novas políticas e procedimentos são adotados para estruturar e trazer consistência para as várias partes da organização. As mudanças incluem a criação de práticas para toda a empresa no gerenciamento de equipes, nas avaliações de desempenho, nas atividades financeiras, como orçamento e gastos, e na transição para processos formais, sistemas de tecnologia compartilhados e plataformas.

No início, esse esforço ajuda a trazer estabilidade e consistência ao escopo mais amplo da organização. Você pode ganhar alguma eficiência e economias de escala, e muitas áreas problemáticas, como desigualdades nas avaliações de desempenho, são abordadas. Mas as pessoas podem também começar a sentir que as coisas estão muito rígidas ou "corporativas", e muitos funcionários saem nessa fase, preferindo encontrar organizações que ainda estejam nas fases dois ou três, o que, por sua vez, muda a composição das equipes e as relações de subordinação.

Embora as políticas sejam boas no início, as organizações muitas vezes exageram e começam a criar políticas para o "menor denominador comum". Por exemplo, embora 98% dos funcionários cheguem ao trabalho pontualmente e utilizem o cartão de crédito corporativo de maneira adequada, a empresa reage ao comportamento de alguns estúpidos que fizeram escolhas erradas criando políticas excessivamente restritivas. Tudo isso combinado leva ao inevitável ponto de crise da burocracia, que se torna pesada.

Fase Cinco: crescimento por meio da colaboração

Para resolver esse problema, a organização precisa mudar de marcha e passar para a quinta fase, de crescimento por meio da colaboração. A burocracia é substituída por uma série de sistemas ágeis e ampliáveis que oferecem mais flexibilidade. Em vez de um sistema rígido de tomada de decisões, os líderes com inteligência emocional recebem a confiança de usar o bom senso.

Essa fase requer uma mudança de líderes, que possam trabalhar dessa maneira mais orgânica e fluida. Naturalmente, isso gera todo tipo de novas mudanças na filosofia e no estilo, bem como na estrutura organizacional. Por se tratar de uma mudança bastante drástica em relação ao estágio anterior, ela gera muitas outras alterações, mas muitas vezes apenas desfaz ou refaz mudanças pelas quais os funcionários já haviam passado. De novo, uma organização pode passar meses ou anos nessa fase, mas, à medida que cresce, acaba chegando ao ponto de crise de crescimento interno, em que a organização deve olhar para fora em busca de novas oportunidades de crescimento.

Fase Seis: crescimento por meio das alianças

Na fase final, a organização só consegue resolver seus desafios em parceria com outras organizações, por meio de ações como terceirização, fusões, franquias etc. Essas ações trazem toda uma nova gama de mudanças à medida que entidades complexas tentam integrar produtos, estilos de liderança, valores e culturas (para não mencionar políticas, sistemas de e-mail, moedas e regulamentos). Os principais executivos (e suas equipes jurídicas) intermedeiam a maioria dos empreendimentos dessa natureza, que são mantidos em segredo até serem anunciados, para surpresa dos funcionários. Embora possam levar meses ou anos para sua revelação, eles geram subitamente inúmeras mudanças e reações psicológicas.

Essa expansão gera, em última análise, alguma diluição à medida que várias entidades se misturam e se fundem. Com o tempo, isso leva ao ponto de crise de identidade, em que a organização deve voltar a pensar em sua visão, missão e etratégia e reestruturá-las em um todo unificado.

É importante observar que, embora o modelo da Curva de Greiner pareça linear, as organizações podem recuar para as fases anteriores. É comum ficar no limite entre dois estágios, assim como que a parte central da empresa esteja mais desenvolvida e em um estágio diferente das funções mais recentes.

E então, você identificou a fase de sua organização no modelo? E, mais importante ainda, você consegue dizer que ponto de crise e que transformação estão vindo? Quando presto consultoria aos líderes, peço que eles identifiquem a fase geral, bem como as fases para cada função, pois isso pode fornecer informações valiosas para a compreensão da mudança. Isso os ajuda a prever o próximo ponto de crise para que possam se preparar em vez de apenas reagir. Todos os tipos de situações problemáticas podem ser evitados com uma preparação cuidadosa e planejada.

À medida que se familiariza com as fases de crescimento organizacional, você pode começar a perceber que as iniciativas de mudança são um desdobramento natural do desenvolvimento. Como o trabalho é feito, que trabalho é feito e quem realiza o trabalho mudam significativamente em cada fase, o que requer intervenções precisas. Enquanto nossos cérebros possam estar programados para querer empresas estáticas e previsíveis, as organizações são coisas orgânicas, ecossistemas vivos que mudam e se movem. Utilizo a Curva de Greiner para ajudar com que todos aceitem o fato de que a mudança é constante e até mesmo previsível.

20. Consciência Organizacional: Ficando Verde-Azulado

Enquanto a Curva de Greiner é um ótimo modelo para o crescimento organizacional, outro motor da mudança nas organizações é a evolução da consciência. Frederic Laloux tem pesquisado esse tema e revela alguns desdobramentos muito interessantes em seu livro *Reinventando as organizações: um guia para criar organizações inspiradas no próximo estágio da consciência humana*. Você pode ter ouvido falar dele porque Tony Hsieh, o CEO da Zappos, está utilizando o trabalho de Laloux para mudar intencionalmente a consciência da empresa.

Acadêmicos estudando a consciência humana em muitas disciplinas – neurocientistas, biólogos, psicólogos, sociólogos e até antropólogos – descobriram que ela se desenvolve em estágios. Laloux descobriu que o desenvolvimento organizacional é mapeado para esses estágios da consciência humana e, à medida que os humanos evoluem, o mesmo acontece com as organizações que eles constroem.

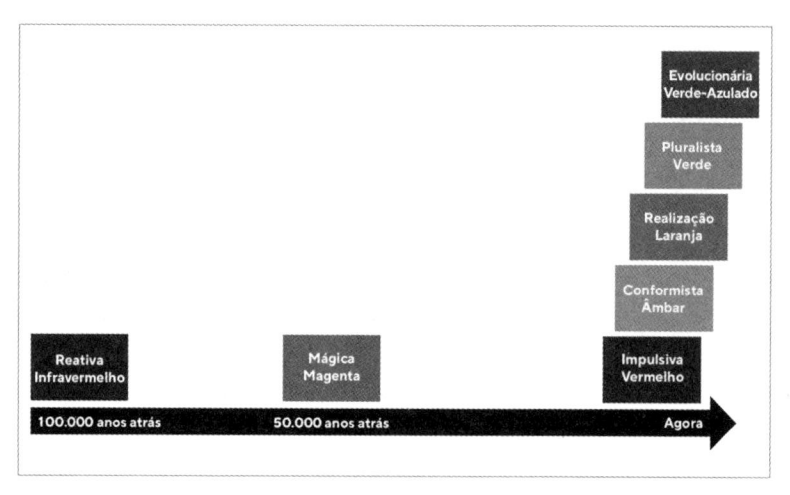

Linha do tempo da consciência humana

Da mesma forma que o modelo de Greiner, a consciência humana evolui em transformações repentinas. Atualmente, entramos em um momento único, quando a consciência está evoluindo mais rapidamente, com cinco níveis de consciência moldando ativamente as organizações ao longo dos últimos 200 anos. Laloux afirma: "Cada transição para um novo estágio de consciência deu início a uma nova era na história humana. Em cada conjuntura, tudo mudou: a sociedade, a economia, as estruturas de poder... e os modelos organizacionais". Laloux segue explicando cada uma das etapas organizacionais, com sua cor correspondente, começando com Infravermelho e Magenta, e terminando com Verde-Azulado, o último nível que está ficando visível agora.

Para que você não pense que Laloux é um cara estranho, ele é uma entre várias pessoas que estão falando sobre a intersecção da consciência com os negócios. O CEO da Whole Foods, John Mackey, fez parceria com Raj Sisodia para escrever *Capitalismo consciente.* O Dr. Fred Kofman escreveu *Consciência nos negócios* e agora presta consultoria a empresas e governos em todo o mundo para trazer as práticas conscientes ao primeiro plano. E não é apenas um exercício de se sentir bem. As empresas que funcionam no nível de consciência verde e verde-azulado superam significativamente as outras, segundo o livro *Os segredos das empresas mais queridas: como empresas de classe mundial lucram com a paixão e os bons propósitos* (de Rajendra Sisodia, David Wolfe e Jagdish Sheth). O livro detalha um estudo poderoso de mais de 65 empresas, comparando-as com as empresas apresentadas no best-seller de James Collins, *Empresas feitas para vencer.* Eles descobriram que as empresas Mais Queridas superaram as outras em mais de 1.400%!

Tenho visto evidências claras dessa evolução consciente nas organizações e isso está no cerne de muitas iniciativas de mudança, bem como em mudanças que os funcionários desejam e que geram engajamento.

Em todos os lugares que já trabalhei, seja como funcionária, seja como consultora, vi evidências comprovando o modelo de Laloux, de modo que considero uma ferramenta essencial quando se avalia organizações. Fornecerei um breve resumo aqui, mas recomendo fortemente que você leia seu livro e veja alguns dos vídeos e recursos que ele postou em seu site ReinventingOrganizations.com. Sua rica pesquisa e descrições detalhadas realmente me ajudaram a usar esse modelo em meu trabalho.

É importante lembrar que nenhum estágio é "melhor" ou "pior" do que outro. De fato, Nick Petrie do Centro de Liderança Criativa afirma: "Não há nada de inerentemente 'melhor' em estar em um nível mais elevado de desenvolvimento, assim como um adolescente não é 'melhor' do que uma criança. Qualquer nível de desenvolvimento é bom; o problema é se esse nível de desenvolvimento é adequado para a tarefa em questão".

Vermelho/Impulsivo

Essas organizações prosperam em ambientes caóticos, como tempos de guerra ou quando a competição por recursos é elevada. São altamente reativas e têm um foco de curto prazo. O constante exercício de poder pelo líder mantém as pessoas na linha, e o medo é a principal ferramenta de controle. Os principais avanços desta etapa são a divisão de trabalho e a autoridade de comando. Exemplos atuais na sociedade incluem a máfia, milícias tribais e gangues de rua. As manchetes da mídia sobre os eventos na Síria e na Venezuela mostram que essa consciência se expressa em tempos de intensa sobrevivência.

Âmbar/Conformista

Essas organizações utilizam comando e controle de cima para baixo, bem como funções altamente formais dentro da pirâmide hierárquica. O objetivo é estabilidade e consistência, que muitas vezes são cruciais para o sucesso da organização. Os líderes determinam o quê e o como da organização e espera-se que os membros executem conforme instruído. A estabilidade é alcançada por meio de processos rigorosos e tolerância zero para o inconformismo. Os principais avanços desta fase são papéis formais, promoção hierárquica e processos de longo prazo. Os exemplos atuais incluem militares e policiais, bem como os sistemas de escolas públicas e a Igreja Católica.

	VERMELHO Impulsivo	ÂMBAR Conformista	LARANJA Realização	VERDE Pluralista	VERDE-AZULADO Evolucionário
Descrição	Prospera no caos. Exercício constante de poder pelo líder. Controle pelo medo. Altamente reativo e curto prazo	Papéis hierárquicos altamente formais. Comando e controle partindo de cima. Estabilidade por meio de processo rigoroso.	Foco no lucro, competição e crescimento. Inovação é chave. Gerenciamento por objetivos.	Dentro da pirâmide clássica, o foco é na cultura, valores e engajamento do funcionário.	A organização é um sistema vivo. Foco em mudar para integridade e autenticidade associadas.
Principais Avanços	Divisão de trabalho Autoridade de comando	Regras formais Processos rigorosos	Inovação Responsabilidade Meritocracia	Empoderamento Cultura de valores Stakeholders	Autogerenciamento Integridade Propósito evolutivo
Metáfora Indicativa	Alcateia	Exército	Máquina	Família	Organismo vivo
Exemplos Atuais	Máfia Milícias tribais Gangues de rua	Militares Maioria das agências governamentais Escolas públicas Igreja Católica	Empresas multinacionais Escolas independentes	Organizações voltadas para a cultura (por exemplo, Southwest, Ben & Jerry's, Google)	Organizações voltadas para a consciência (por exemplo, Patagonia, Favi, Morning Star, AES, Souns True)
"Boas" decisões julgadas por...	Alcançar os desejos do líder	Estar em conformidade com as normas sociais	Eficácia e sucesso Racionalidade e lógica	Pertencimento e harmonia Processo de pessoas/sentimentos	Retidão interna Prestação de serviço Racional e intuitivo

Evolução consciente das organizações

Laranja/Realização

Essas organizações focam o lucro e o crescimento com o objetivo de vencer a concorrência. A inovação é a chave para se manter à frente, de modo que esse estágio impulsionou muito o capitalismo moderno. Os líderes utilizam a gestão por objetivos (MBOs) ou indicadores-chave de desempenho (KPIs) para medir a eficácia e o sucesso. Peter Drucker tem sido uma voz importante desse estágio. Os líderes usam o comando e o controle sobre o que a organização faz, mas a média gerência tem mais liberdade sobre como fazer. Os principais avanços dessa abordagem racional/lógica são responsabilidade, meritocracia e inovação. Os exemplos atuais são empresas globais e escolas independentes (*charter schools*).

Verde/Pluralista

Essas organizações procuram se manter competitivas ao aproveitar a motivação e o engajamento extraordinários dos funcionários. Pesquisas sobre o poder do engajamento do funcionário para impelir a produtividade, a satisfação do cliente e a retenção mostram evidências claras desse estágio de consciência. A definição de stakeholder se expande para além dos acionistas para incluir clientes, funcionários e comunidades. Organizações verdes focam a criação de uma grande cultura a partir da atenção à visão e aos valores junto com o propósito. Frequentemente ouvimos na mídia sobre organizações orientadas para a cultura, como Southwest Airlines, Google e Ben & Jerry's. Para saber mais sobre o estágio verde, confira estes best-sellers da área de negócios:

- *Comece algo que faça a diferença*, de Blake Mycoskie.
- *We First: How Brands and Consumers Use Social Media to Build a Better World* (Nós Primeiro: Como Marcas e Consumidores Usam a Mídia Social para Construir um Mundo Melhor, em tradução livre), de Simon Mainwaring.
- *Satisfação garantida: aprenda a fazer da felicidade um bom negócio*, de Tony Hsieh.
- *Os segredos das empresas mais queridas: como empresas de classe mundial lucram com a paixão e os bons propósitos*, de Rajendra Sisodia, David Wolfe e Jagdish Sheth.

- *Consciência nos negócios: como construir valor através de valores*, de Fred Kofman.
- *Capitalismo consciente: como libertar o espírito heroico dos negócios*, de John Mackey e Rajendra Sisodia.

Verde-Azulado/Evolutivo

Essas organizações estão apenas começando a surgir, mas de forma alguma são somente jovens startups. Laloux apresenta em seu livro 11 organizações verde-azuladas, variando em tamanho de 600 a 40.000 funcionários em uma ampla gama de setores, incluindo vestuário, manufatura, tecnologia e saúde. Ele descreve as organizações como sistemas vivos com uma direção própria que precisa ser ouvida. Isso muda a estrutura organizacional de hierárquica para uma com equipes mais localizadas e colaborativas. Essa mudança inaugura novos modelos de tomada de decisão, responsabilidades de trabalho e gerenciamento de desempenho. Conhecida como holacracia, os principais avanços incluem autogerenciamento, integridade e autenticidade. Exemplos atuais incluem Patagonia, Morning Star e AES (uma empresa global de energia). Outro livro relevante é de Brian Robertson, chamado *Holacracia: o novo sistema de gestão que propõe o fim da hierarquia*.

É importante observar que, embora este seja um processo evolutivo, algumas organizações se alinham com um determinado estágio, pois se adaptam melhor à sua missão e trabalho. Por exemplo, os militares provavelmente sempre se alinharão com o estágio Âmbar/Conformista, porque devem ter sucesso em ambientes frequentemente caóticos e perigosos em que a adesão a processos rígidos é primordial. Isso não quer dizer que não venham a adotar alguns elementos de outros estágios, mas a estrutura central e a forma de trabalho permanecerão âmbar.

Na maioria das organizações atuais, vejo uma mistura de consciência laranja e verde. Muitas organizações ainda estabelecem objetivos estratégicos e táticos utilizando a terminologia MBO ou KPI e produtividade/sucesso são medidos pelo cumprimento das metas. E a maioria dos sistemas modernos de gerenciamento de desempenho avalia os funcionários em relação às metas, mesmo que estejam seguindo a tendência atual de alterar as classificações tradicionais e as avaliações anuais.

Ao mesmo tempo, as organizações exibem alguns componentes verdes na medida em que competem por talentos, especialmente entre os funcionários da geração do milênio e os formados em áreas técnicas. Elas criam culturas baseadas em valores e focam o engajamento dos funcionários, muitas vezes oferecendo todo tipo de regalias e benefícios maravilhosos. Além disso, há um sentimento de "família" dentro da organização e os líderes buscam a opinião dos funcionários e se esforçam para criar um ambiente de empoderamento do empregado.

Mas é importante notar que existem tensões naturais entre os estágios laranja e verde; portanto, somar os dois é difícil e um inevitavelmente substitui o outro. O que vejo em muitas organizações é uma aparência externa de elementos verdes, mas com um núcleo solidamente laranja. Quase como papel de embrulho verde em torno de uma caixa laranja. Isso pode criar dificuldades se os funcionários forem atraídos por uma cultura que se apresenta como verde (muitas vezes exagerada para atrair bons funcionários) mas descobrirem que a maior parte de sua experiência é, em última análise, laranja. Essa incompatibilidade muitas vezes gera rotatividade e acredito que é um dos motivos pelos quais a permanência média de um funcionário de hoje seja de apenas três anos.

Claramente, a evolução consciente das organizações impulsiona muitas iniciativas de mudança à medida que os diferentes estágios aparecem online. Essas mudanças podem se originar na consciência dos funcionários, líderes ou clientes. Veremos elementos de laranja e verde nos próximos anos, com cada vez mais organizações começando a mudar para verde-azulado.

Existem níveis de consciência humana para além do verde-azulado, incluindo turquesa, índigo e roxo. À medida que cada vez mais humanos expressarem esses níveis, veremos isso se manifestar na sociedade humana e nas organizações daqui a décadas.

Sua Jornada de Aprendizado

Reserve um tempo para explorar como a Curva de Greiner e o modelo de Laloux se aplicam à sua organização. Pense nas respostas a essas questões:

- Em qual fase da Curva de Greiner a sua organização se enquadra? Que indicações você vê?
- Todas as funções estão no mesmo estágio? Se não, quais funções estão em quais estágios?
- Qual é o próximo ponto de crise que você encontrará? Como pode começar a se preparar agora para estar pronto?
- Usando o modelo de Laloux, quais níveis de consciência sua organização exibe? Identifique como isso aparece regularmente.
- Todas as funções estão no mesmo nível de consciência? Se não, você pode identificar quais funções exibem quais níveis?
- Pense nos líderes seniores de sua organização. Qual consciência cada um exibe? Como a consciência deles influencia a organização?
- Identifique a consciência exibida pelos seus principais talentos. Quais são as lacunas entre as expectativas e as experiências deles?
- Quando você considera esses dois modelos e o estado atual de sua organização, quais mudanças provavelmente ocorrerão nos próximos meses e anos? Veja se consegue olhar para o futuro e fazer algumas previsões simples.

21. Conclusão: Reflexões Finais sobre Mudança

Nenhuma dúvida a respeito disso: a mudança é uma constante com a qual podemos contar. Fará parte de nossa vida profissional e pessoal até o momento em que dermos o último suspiro. Como a mudança nos tempos modernos se tornou intensa e implacável, a biologia humana está sendo levada ao limite. Aproveitando o conhecimento da neurociência, da biologia e da psicologia organizacional, podemos abordar a mudança de uma nova maneira, entendendo nossa resistência natural e encontrando formas de ajudar uns aos outros em meio ao caos e à confusão.

Espero que, ao utilizar o novo modelo de Jornada de Mudança™ e as ferramentas apresentadas neste livro, você desenvolva novos hábitos para liderar mudanças que sirvam diretamente de apoio ao seu sucesso. Você também tem a capacidade de impactar profundamente o sucesso daqueles que lidera e influencia. Como em qualquer habilidade, a prática aumentará sua competência. Felizmente, no mundo de hoje você terá amplas oportunidades para trabalhar com a mudança.

Esse modelo se tornou a peça central para o gerente e o treinamento em gestão de mudanças em organizações em todo o mundo. Também está moldando a forma como os líderes concebem, implementam e monitoram as iniciativas de mudança em suas organizações. Criei um programa de certificação e treinamento com atividades, vídeos, avaliações e outras ferramentas para as pessoas usarem durante a mudança. Saiba mais em BrittAndreatta.com/training.

Considere utilizar este material também em sua vida pessoal. Desde que fiz esta pesquisa, meu marido e eu utilizamos o modelo em casa. Compartilhamos nosso mapa de jornadas de mudança e nossa motivação para cada uma. Isso nos permitiu apoiar melhor um ao outro e também tomar melhores decisões sobre férias, projetos da casa e tempo ocioso.

Encerro dizendo que todos podemos nos beneficiar por saber como podemos aproveitar a biologia para maximizar nosso potencial. Continue a cuidar de seu próprio crescimento e desenvolvimento. Você possui muitas habilidades não realizadas dentro de si – todos nós temos. Parte de nossa jornada como humanos é aprender como realizar esse potencial e ajudar os outros a fazerem o mesmo.

Obrigado por fazer essa jornada de aprendizado comigo.

Britt Andreatta

Sintetize Sua Jornada de Aprendizado em Ação

Ao concluirmos, examine suas anotações das várias Jornadas de Aprendizado deste livro. Agora você deve ter uma compreensão sólida da mudança e de como navegar melhor pelos desafios. Reserve um tempo para finalizar suas anotações e criar um plano de ação para as próximas semanas e meses.

- Quais são suas três principais conclusões deste livro?
- Quais ações você pode executar nos próximos 30, 60 e 90 dias para ajudar a ter sucesso como viajante em uma jornada de mudança?
- Se você estiver no papel de planejador, desbravador ou guia de outras pessoas, quais ações pode executar nos próximos 30, 60 e 90 dias para ajudar a experiência a ser melhor para seus viajantes?
- Pense em como você poderia compartilhar algo que aprendeu com colegas e líderes em sua organização. Para recursos adicionais e materiais de treinamento para ajudá-lo com isso, visite BrittAndreatta.com/training.

REFERÊNCIAS + RECURSOS

INTRODUÇÃO

Andreatta, B. (2021). *Programados para crescer 2.0: use o poder da neurociência para aprender e dominar qualquer habilidade.* São Paulo, SP: Madras.

Andreatta, B. (2014). "The neuroscience of learning" [arquivo de vídeo]. Carpinteria, CA: LinkedIn Learning

I: ENTENDENDO A MUDANÇA

Capítulo 1

Goldstein, A. (22 de fevereiro de 2016). "HHS failed to heed many warnings that HealthCare.gov was in trouble". *The Washington Post.* Acessado em https://www.washingtonpost.com/national/health-science/hhs-failed-to-heedmany-warnings-that-healthcaregov-was-in-trouble.html.

Johnson, C. e Reed, H. (24 de outubro de 2013). "Why the government never gets tech right". *The New York Times.* Acessado em http://www.nytimes.com/2013/10/25/opinion/getting-to-the-bottom-of-healthcaregovsflop.html.

Samuelson, K. (11 de outubro de 2016). "A brief history of Samsung's troubled Galaxy Note 7". *Time.* Acessado em http://time.com/4526350/samsung-galaxy-note-7-recall-problems-overheating-fire/.

Olenski, S. (15 de junho de 2012). "JC Penney's epic rebranding fail". *Forbes.* Acessado em https://www.forbes.com/sites/marketshare/2012/06/15/jc-penneys-epic-rebranding-fail/#1b5010c629e8.

Nohria, N. e Beer, M. (mai-jun 2000). "Cracking the code of change". *Harvard Business Review.*

Leonard, D. e Coltea, C. (24 de maio de 2013). "Most change initiatives fail—but they don't have to". *Gallup Business Journal.*

Gleeson, B. (25 de julho de 2017). "One reason why most change management fails". *Forbes.* Acessado em https://www.forbes.com/sites/brentgleeson/2017/07/25/1-reason-why-most-change-management-efforts-fail/ #2c083a34546b.

Herman, B. (24 de setembro de 2012). "70% of hospital strategic initiatives fail: How hospitals can avoid those failures". *Becker's Hospital Review.*

US Bureau of Labor Statistics (junho de 2015). "Job openings reach a new high". Acessado em https://www.bls.gov/opub/mlr/2015/article/jobopenings-reach-a-new-high-hires-and-quits-also-increase.htm.

Globoforce.com. (2015). 2015 *Employee Recognition Report*.

Gallup. (2017). *State of the American workplace*. Acessado em https://news.gallup.com/reports/199961/7.aspx.

Gallup. (2017). *State of the global workplace*. Acessado em http://news.gallup.com/reports/220313/state-global-workplace-2017.aspx.

Society for Human Resource Management. (sem data). "Placing dollar cost on turnover". Acessado em https://www.shrm.org/resourcesandtools/hr-topics/behavioral-competencies/critical-valuation/pages/placingdollar-costs-on-turnover.aspx.

Calculadora de Custo de Rotatividade de Funcionários. Acessado em https://bonus.ly/cost-of-employee-turnover-calculator.

Watson, T. (29 de agosto de 2013). "Only one-quarter of employers are sustaining gains from change management initiatives, Towers Watson survey finds". *Willis Towers Watson*. Acessado em https://www.towerswatson.com.en/Press/2013/08/Only-One-Quarter-of-Employers-Are-Sustaining-Gains-From-Change-Management.

Capítulo 2

DeGusta, M. (9 de maio de 2012). "Are smart phones spreading faster than any technology in human history?" *MIT Technology Review*. Acessado em https://www.technologyreview.com/s/427787/are-smart-phonesspreading-faster-than-any-technology-in-human-history/.

McGrath, R. (25 de novembro de 2013). "The pace of technology adoption is speeding up". *Harvard Business Review*. Acessado em https://hbr.org/2013/11/the-pace-of-technology-adoption-is-speeding-up.

Bersin, J. (maio de 2016). "Global human capital trends 2016". *Deloitte University Press*. Acessado em https://www2.deloitte.com/content/dam/Deloitte/global/Documents/HumanCapital/gx-dup-global-humancapital-trends-2016.pdf.

Bersin, J. (2016). "Predictions for 2016: A bold new world of talent learning, leadership, and HR technology ahead". *Deloitte University Press*. Acessado em https://

www2.deloitte.com/content/dam/Deloitte/at/Documents/human-capital/bersin-predictions-2016.pdf.

Better Business Learning Pty, Ltd. (2016). "The 12 common types of organizational change". Acessado em https://changeactivation.com/downloads/12-common-types-of-organizational-chang.

Capítulo 3

Bridges, W. e Bridges, S. (2009). *Managing transitions: making the most of change.* Cambridge, MA: Da Capo Lifelong Books.

Capítulo 4

Kubler-Ross, E. (2017). *Sobre a morte e o morrer: o que os doentes terminais têm para ensinar a médicos, enfermeiras, religiosos e aos seus próprios parentes.* São Paulo, SP: WMF Martins Fontes.

Perlman, D. e Takacs, G. (abril de 1990). "The 10 stages of change: To cope with change effectively, organizations must consciously and constructively deal with the human emotions associated with it". *Nursing Management*, 21(4), 33-38.

Schneider, D. e Goldwasser, C. (1998). "Be a model leader of change". *Management Review*, 87(3).

Capítulo 5

Andreatta, B. (2013). "Leading change" [arquivo de vídeo]. Carpinteria, CA: LinkedIn Learning.

Musselwhite, C. (1º de junho de 2007). "Leading change: Creating an organization that lives change". *Inc.* Acessado em https://www.inc.com/resources/leadership/articles/20070601/musselwhite.html.

Capítulo 6

Fitzell, J. (26 de junho de 2015). "Change fatigue". *Professionals Australia*. Acessado em http://www.professionalsaustralia.org.au/blog/change-fatigue/.

HR Review (10 de setembro de 2015). "Change fatigue more problematic than senior leaders may think". Acessado em https://www.hrreview.co.uk/hr-news/strategy-news/change-fatigue-problematic-senior-leaders-maythink/59102.

Lock, D. (26 de novembro de 2015). *14 symptoms of change fatigue*. Daniel Lock Consulting.

Duck, J. (2001). *Change monster: the human forces that fuel or foil corporate transformation and change*. Nova York, NY: Crown Business.

Turner, D. (7 de março de 2016). "Six actions to reduce and prevent change fatigue". *Turner Change Management, Inc.*

II: MEDO + FRACASSO + FADIGA: A CIÊNCIA CEREBRAL DA MUDANÇA

Capítulo 7

Andreatta, B. (2021). *Programados para crescer 2.0: use o poder da neurociência para aprender e dominar qualquer habilidade*. São Paulo, SP: Madras.

Andreatta, B. (2014). "The neuroscience of learning" [arquivo de vídeo]. Carpinteria, CA: LinkedIn Learning.

Maslow, A. (1943). "A theory of human motivation". *Psychological Review*, 50(4), 370-396.

Capítulo 8

Wright, A. (1997). "Amygdala—general considerations". *Neuroscience Online*.

Capítulo 6 de A. Wright para o Departamento de Neurobiologia e Anatomia: The University of Texas Health Science Center. Acessado em https://nba.uth.tmc.edu/neuroscience/s4/chapter06.html.

Belson, K. (produtor), DeMicco, K. (diretor), Hartwell, J. (produtor) e Sanders, C. (diretor). (2013). *The Croods* [filme]. Estados Unidos: Dream Works Animation.

Gallagher, M. e Chiba, A. (1996) "The amygdala and emotion". *Current Opinion in Neurobiology*, 6(2), 221-227.

Henny Penny. (sem data.). Em Wikipedia. Acessado em https://en.wikipedia.org/wiki/Henny_Penny.

Capítulo 9

Moser, M. e Moser, E. (2016). "Where am I? Where am I going?" *Scientific American*, 313(1), 26-33.

Tavares, R., Mendelsohn, A., Grossman, Y., Williams, C., Shapiro, M., Trope, Y. e Schiller, D. (2015). "A map for social navigation in the human brain". *Neuron*, 87(1).

Kahneman, D. (2012). *Rápido e devagar: duas formas de pensar*. São Paulo, SP: Objetiva.

Capítulo 10

Duhigg, C. (2012). *O poder do hábito: por que fazemos o que fazemos na vida e nos negócios*. São Paulo, SP: Objetiva.

Phelps, E. (2004). "Human emotion and memory: Interactions of the amygdala and hippocampal complex". *Current Opinion in Neurobiology*, 14(2), 198-202.

Rick Rescorla. (sem data). Em Wikipedia. Acessado em 5 de dezembro de 2016 em https://en.wikipedia.org/wiki/Rick_Rescorla.

Bos, C. (19 de agosto de 2013). "Rick Rescorla—Saved 2,687 lives on September 11". *Awesome Stories*. Acessado em https://www.awesomestories.com/asset/view/Rick-Rescorla-Saved-2-687-Lives-on-September-11.

Andreatta, B. (8 de setembro de 2015). "Six tips for working with the brain to create real behavior change". *Talent Development*, 48-53.

Capítulo 11

Hikosaka, O. (julho de 2010). "The habenula: From stress evasion to value-based decision-making". *Nature Reviews Neuroscience*, 11(7), 503-513.

Ullsperger, M. e Von Cramon, D. (2003). "Error monitoring using external feedback: Specific roles of the habenular complex, the reward system, and the cingulate motor area revealed by functional magnetic resonance imaging". *Journal of Neuroscience*, 23(10), 4308-4314.

Seligman, M. (1972). "Learned helplessness". *Annual Review of Medicine*, 23(1), 407-412.

Peterson, C., Maier, S. e Seligman, M. (1995). *Learned helplessness: a theory for the age of personal control*. Oxford, UK: Oxford University Press.

Brown, B. (2016). *A coragem de ser imperfeito: como aceitar a própria vulnerabilidade, vencer a vergonha e ousar ser quem você é*. Rio de Janeiro: Sextante.

Capítulo 12

Nohria, N. e Beer, M. (maio-junho 2000). "Cracking the code of change". *Harvard Business Review*.

Kotter, J. (janeiro de 2007). "Leading change: Why transformation efforts fail". *Harvard Business Review*.

Heath, C. e Heath, D. (2010). *Switch: como mudar as coisas quando a mudança é difícil*. Rio de Janeiro: Alta Books.

III: UM NOVO MODELO PARA MUDANÇA + TRANSIÇÃO

Capítulo 13

Andreatta, B. (maio de 2016). "The neuroscience of change". Apresentação na conferência e exposição internacional da Associação para Desenvolvimento de Talentos (ATD). Denver, CO.

Andreatta, B. (2018). *Change Quest™ Model Facilitator Training*. Santa Barbara, CA: 7th Mind, Inc. BrittAndreattaTraining.com.

Capítulo 14

Andreatta, B. (maio de 2016). "The neuroscience of change". Apresentação na conferência e exposição internacional da Associação para Desenvolvimento de Talentos (ATD). Denver, CO.

Krakauer, J. (2006). *No ar rarefeito*. São Paulo, SP: Companhia de Bolso.

Boukreev, A. e DeWalt, G. (2009). *A escalada: a verdadeira história da tragédia no Everest*. São Paulo, SP: Gaia Editora.

Andreatta, B. (2018). *Change quest™ model facilitator training*. Santa Barbara, CA: 7th Mind, Inc. BrittAndreattaTraining.com.

Capítulo 15

Andreatta, B. (maio de 2016). "The neuroscience of change". Apresentação na conferência e exposição internacional da Associação para Desenvolvimento de Talentos (ATD). Denver, CO.

Andreatta, B. (2018). *Change quest™ model facilitator training*. Santa Barbara, CA: 7th Mind, Inc. BrittAndreattaTraining.com.

IV: PROSPERANDO NA MUDANÇA: ESTRATÉGIAS PARA O SUCESSO

Capítulo 16

Andreatta, B. (maio de 2016). "The neuroscience of change". Apresentação na conferência e exposição internacional da Associação para Desenvolvimento de Talentos (ATD). Denver, CO.

Andreatta, B. (2018). *Change Quest™ Model Facilitator Training*. Santa Barbara, CA: 7th Mind, Inc. BrittAndreattaTraining.com.

Rock, D. (janeiro de 2008). SCARF: "A brain-based model for collaborating with and influencing others". *NeuroLeadership Journal*.

Bosman, M. (24 de julho de 2012). "Neuroleadership: Lead in a way that will engage people's minds". *Strategic Leadership Institute*. Acessado em https://strategicleaders.wordpress.com/2012/07/24/neuroleadership-lead-in-away-that-will-engage-peoples-minds/.

National Heart, Lung e Blood Institute. (12 de fevereiro de 2012). "Facts about problem sleepiness". *National Institutes of Health*. Acessado em https://www.nhlbi.nih.gov/files/docs/public/sleep/pslp_fs.pdf.

Lyman, L. (2016). *Brain science for principals: what school leaders need to know*. Lanham, MD: Rowman & Littlefield.

Andreatta, B. (2021). *Programados para crescer 2.0: use o poder da neurociência para aprender e dominar qualquer habilidade*. São Paulo, SP: Madras.

Hölzel, B., Carmody, J., Vangel, M., Congleton, C., Yerramsetti, S., Gard, T. e Lazara, S. (2011). "Mindfulness practice leads to increases in regional brain gray matter density". *Psychiatry Research*, 191(1), 36-43.

Ricard, M., Lutz, A. e Davidson, R. (2014). "Neuroscience reveals the secrets of meditation's benefits". *Scientific American*, 311(5), 38-45.

Korb, A. (20 de novembro de 2012). "The grateful brain: The neuroscience of giving thanks". *Psychology Today*. Acessado em https://www.psychologytoday.com/us/blog/prefrontal-nudity/201211/the-grateful-brain.

Davidson, R. e Begley, S. (2013). *O estilo emocional do cérebro: como o funcionamento cerebral afeta sua maneira de pensar, sentir e viver*. Rio de Janeiro: Sextante.

Editores da Time. (2016). *Mindfulness: the new science of health and happiness* (edição especial). Nova York, NY: Time.

Tan, C. (2014). *Busque dentro de você*. Brasília, DF: Novas Ideias.

Goleman, D. (1996). *The meditative mind: the varieties of meditative experience*. Nova York, NY: TarcherPerigee.

McGreevey, S. (21 de janeiro de 2011). "Eight weeks to a better brain". *Harvard Gazette*. Acessado em https://news.harvard.edu/gazette/story/2011/01/eight-weeks-to-a-better-brain/.

Brown, S. (2010). *Play: how it shapes the brain, opens the imagination, and invigorates the soul*. Nova York, NY: Avery.

Hoehn, C. (2014). *Play it away: a workaholics cure for anxiety*. CharlieHoehn.com.

Sutton-Smith, B. Acessado em https://www.goodreads.com/quotes/680282-the-opposite-of-play-is-not-work-the-opposite-of-play.

Seligman, M. (2011). *Florescer: uma nova compreensão da felicidade e do bem-estar*. São Paulo: Objetiva.

Capítulo 17

Andreatta, B. (2018). *Change quest™ model facilitator training*. Santa Barbara, CA: 7th Mind, Inc. BrittAndreattaTraining.com.

Sinek, S. (2018). *Comece pelo porquê: como grandes líderes inspiram pessoas e equipes a agir*. Rio de Janeiro: Sextante.

Duhigg, C. (2012). *O poder do hábito: por que fazemos o que fazemos na vida e nos negócios*. São Paulo: Objetiva.

Pink, D. (2010). *Motivação 3.0: os novos fatores motivacionais para a realização pessoal e profissional*. Rio de Janeiro: Campus.

Pink, D. (2010). "Drive: The surprising truth about what motivates us" [arquivo de vídeo]. *RSA Animates*. Acessado em https://www.thersa.org/discover/videos/rsa-animate/2010/04/rsa-animate---drive.

Hurst, A. (2016). *The purpose economy: how your desire for impact, personal growth, and community is changing the world* (2ª ed.). Boise, ID: Elevate Publishing.

Mycoskie, B. (2014). *Comece algo que faça a diferença*. Curitiba, PR: Voo.

Sisodia, R., Wolfe, D. e Sheth, J. (2008). *Os segredos das empresas mais queridas: como empresas de classe mundial lucram com a paixão e os bons propósitos*. Porto Alegre, RS: Bookman.

Mainwaring, S. (2011). *We first: how brands and consumers use social media to build a better world*. Nova York, NY: St. Martin's Press.

Hurst, A. e Tavis, A. (2015). *Workforce purpose index 2015*. Seattle, WA: Imperative. Acessado em https://cdn.imperative.com/media/public/Purpose_Index_2015.

Wrzesniewski, A., McCauley, C., Rozin, P. e Schwartz, B. (1997). "Jobs, careers, and callings: People's relations to their work". *Journal of Research in Personality*, 21-23.

Steger, M., Dik, B. e Duffy, R. (2010). "Measuring meaningful work: The work and meaning inventory". *Journal of Career Assessment*, 322-337.

Bobinet, K. (janeiro/fevereiro 2016). "The power of process". *Experience life*. Acessado em https://experiencelife.com/article/the-power-ofprocess/.

Dweck, C. (2017). *Mindset: a nova psicologia do sucesso*. São Paulo: Objetiva.

Globoforce.com. (2015). *2015 Employee recognition report*.

Rath, T. e Clifton, D. (2005). *Seu balde está cheio?* Rio de Janeiro: Sextante.

Officevibe.com. (2016). *The global and real time state of employee engagement*. Acessado em https://www.officevibe.com/resources.

McChesney, C., Covey, S. e Huling, J. (2017). *As 4 disciplinas da execução: garanta o foco nas metas crucialmente importantes*. Rio de Janeiro: Alta Books.

Goleman, D. (1996). *Inteligência emocional: a teoria revolucionária que redefine o que é ser inteligente*. São Paulo: Objetiva.

Brown, B. (2013). "Empathy" [arquivo de vídeo]. *RSA Animates*. Acessado em www.thersa.org/discover/videos/rsa-shorts/2013/12/Brene-Brown-on-Empathy.

Wiseman, T. (1996). "A concept analysis of empathy". *Journal of Advanced Nursing*, 23(6).

Duhigg, C. (2013). "The power of habit: How target knows you better than you do" [arquivo de vídeo] *Columbia Business School*. Acessado em www.youtube.com/watch?v=0G_beU-SmLw.

Edmondson, A. (2012). *Teaming: how organizations learn, innovate, and compete in the knowledge economy*. São Francisco, CA: Jossey-Bass.

Edmondson, A. (1999). "Psychological safety and learning behavior in work teams". *Administrative Science Quarterly*, 44(2), 350-383.

Duhigg, C. (28 de fevereiro de 2016). "What Google learned from its quest to build the perfect team". *The New York Times*. Acessado em https://www.nytimes.com/2016/02/28/magazine/what-google-learned-from-its-quest-tobuild-the-perfect-team.html.

Brown B. (2012). "Listening to Shame" [arquivo de vídeo]. *TED Talk*. Acessado em www.ted.com/talks/brene_brown_listening_to_shame.

Brown, B. (2010). "The power of vulnerability" [arquivo de vídeo]. *TEDx Houston*. Acessado em www.ted.com/talks/brene_brown_on_vulnerability.

Re:Work by Google (rework.withgoogle.com).

Great Place to Work (www.greatplacetowork.com).

Eisenberger, N.I. (2012). "The neural bases of social pain: Evidence for shared representations with physical pain". *Psychosomatic Medicine*, 74(2), 126-135.

Capítulo 18

Andreatta, B. (2018). *Change quest™ model facilitator training*. Santa Barbara, CA: 7th Mind, Inc. BrittAndreattaTraining.com.

Rizzolatti, G. e Craighero, L. (2004). "The mirror-neuron system". *Annual Review of Neuroscience*, 27, 169-192.

Winerman, L. (2005). "The mind's mirror". *American Psychological Association*, 36(9), 48.

Iacoboni, M., Molnar-Szakacs, I., Gallese, V., Buccino, G., Mazziotta, J.C. e Rizzolatti, G. (2005). "Grasping the intentions of others with one's own mirror neuron system". PLOS (Public Library of Science). *Biology*, 3(3), E79.

Brown, B. (2016). *Mais forte do que nunca: Caia. Levante-se. Tente outra vez*. Rio de Janeiro: Sextante.

V: O CAMINHO A FRENTE: CRESCIMENTO ORGANIZACIONAL + CONSCIÊNCIA

Capítulo 19

Andreatta, B. (2018). *Change Quest™ Model Facilitator Training*. Santa Barbara, CA: 7th Mind, Inc. BrittAndreattaTraining.com.

Ramis, H. (diretor) e Albert, T. (produtor). (1993). *Feitiço do Tempo* [filme]. Estados Unidos: Columbia Pictures.

Greiner, L. (maio de 1998). "Evolution and revolution as organizations grow". *Harvard Business Review*.

Andreatta, B. (2018). *Organizational learning and development* [arquivo de vídeo]. Carpinteria, CA: LinkedIn Learning.

Laloux, F. (2017). *Reinventando as organizações: um guia para criar organizações inspiradas no próximo estágio da consciência humana*. Curitiba, PR: Voo.

Mackey, J. e Sisodia, R. (2018). *Capitalismo consciente: como libertar o espírito heroico dos negócios*. Rio de Janeiro, RJ: Alta Books.

Kofman, F. (2007). *Consciência nos negócios: como construir valor através de valores*. Rio de Janeiro, RJ: Campus.

Sisodia, R., Wolfe, D. e Sheth, J. (2014). *Os segredos das empresas mais queridas: como empresas de classe mundial lucram com a paixão e os bons propósitos*. Porto Alegre, RS: Bookman.

Robertson, B. (2015). *Holacracia: o novo sistema de gestão que propõe o fim da hierarquia*. São José dos Campos, SP: Benvirá.

DVS EDITORA

www.dvseditora.com.br

Impressão e Acabamento | Gráfica Viena
Todo papel desta obra possui certificação FSC® do fabricante.
Produzido conforme melhores práticas de gestão ambiental (ISO 14001)
www.graficaviena.com.br